FORSCHUNGSBERICHTE DES LANDES NORDRHEIN-WESTFALEN

Nr. 1881

Herausgegeben im Auftrage des Ministerpräsidenten Heinz Kühn
von Staatssekretär Professor Dr. h. c. Dr. E. h. Leo Brandt

DK 620.172.21:539.4.011.2:677.494:
677.023:677.024:677.66

Obering. Herbert Stein

Ing. (grad.) Herbert van der Weyden

Institut für textile Meßtechnik M.Gladbach e.V.

Meßtechnische Untersuchungen über die vom Aufwindeprozeß beim Streckzwirnverfahren herrührenden Veränderungen der Kraft-Dehnungs-Eigenschaften und der Oberflächenbeschaffenheit von vollsynthetischen Fadenmaterialien

WESTDEUTSCHER VERLAG · KÖLN UND OPLADEN 1968

ISBN 978-3-663-06386-5   ISBN 978-3-663-07299-7 (eBook)
DOI 10.1007/978-3-663-07299-7

Verlags-Nr. 011881

© 1968 by Westdeutscher Verlag GmbH, Köln und Opladen

Gesamtherstellung: Westdeutscher Verlag

Vorwort

Anlaß zu der vorliegenden Arbeit gaben Schwierigkeiten, die sich bei der Verarbeitung vollsynthetischer, von Streckcops abgenommener Materialien einstellen und die zu Fehlern in Geweben und Gewirken führen. Aus diesem Grunde sind die mechanisch-technologischen Eigenschaften von Streckcopmaterial – insbesondere das Dehnungs- und Reibverhalten – untersucht worden. Die hierbei gewonnen Erkenntnisse in bezug auf die Einflüsse, die zur Veränderung der Materialeigenschaften führen, werden dargelegt und erläutert.

Die Untersuchungen sind von verschiedenen Chemiefaserbetrieben dadurch unterstützt worden, daß sowohl das für die Prüfungen benötigte Material zur Verfügung gestellt als auch die Möglichkeit gegeben wurde, meßtechnische Untersuchungen an Produktionsmaschinen vorzunehmen.

Die Laborversuche kamen im Institut für textile Meßtechnik M.Gladbach e.V. zur Durchführung. Beteiligt hieran waren außer Herrn Ing. H. v. D. WEYDEN die Textillaborantinnen Frau I. GROBE und Frau K. LAUMEN.

Inhalt

1. Allgemeine Betrachtungen 7
2. Aufgabenstellung 7
3. Verwendete Prüfgeräte 8
   3.1 Ermittlung der Kraft-Dehnungseigenschaften durch statische Zugversuche 8
      3.11 Zugprüfgerät zur Aufnahme von Kraft-Längenänderungs-Kurven.... 8
      3.12 Automatisches Zugprüfgerät zur Untersuchung großer Materiallängen 8
   3.2 Dehnungs- und Zugprüfungen am laufenden Faden 9
      3.21 Dehnungsprüfmaschine zur Ermittlung der Dehnkräfte bei vorgegebener Dehnungsstufe 9
      3.22 Zugprüfmaschine zur Bestimmung von Reißkraft und Reißdehnung am laufenden Faden 9
   3.3 Gerät zur Ermittlung der Fadenspannung an Streckzwirn-Maschinen 9
   3.4 Prüfeinrichtungen zur Ermittlung der Gleichförmigkeitsschwankungen von Endlosfäden 10
      3.41 Nach dem Absorptionsmeßverfahren arbeitende Prüfeinrichtung 10
      3.42 Mechanisch-elektrisch arbeitendes Prüfgerät 10
   3.5 Zusatz- und Hilfsgeräte.. 10
4. Durchgeführte Untersuchungen 10
   4.1 Das Verhalten von Polyamid-Material beim Verstecken und Aufwinden 10
   4.2 Die Veränderung der Dehnungseigenschaften von Polyamid durch verschiedene Einflüsse 13
      4.21 Einfluß von Zugbeanspruchungen 13
      4.22 Einfluß einer Lagerung 13
         4.221 Lagerung im gespannten Zustand 13
         4.222 Lagerung im spannungslosen Zustand.................... 14
      4.23 Einfluß einer Wärmebehandlung 14
         4.231 Wärmebehandlung im gespannten Zustand 14
         4.232 Wärmebehandlung im spannungslosen Zustand............ 15
      4.24 Einfluß einer UV-Bestrahlung 15
   4.3 Die Dehnungseigenschaften von Streckcopmaterial 16
      4.31 Die Beeinflussung der Dehnungseigenschaften durch die Art der Streckcopwicklung 16
      4.32 Einfluß der Aufwindespannung auf die Ausbildung der SZ-Perioden
         4.321 Das Läufergewicht 17
         4.322 Die Läuferlage im Ring 17

4.33 Einfluß der Copfüllung auf die Ausbildung der SZ-Perioden 18
4.34 Einfluß der Lagerungszeit auf die Ausbildung der SZ-Perioden 19
4.35 Ausgleich unterschiedlicher Dehnungseigenschaften 19
    4.351 Lagerung im spannungslosen Zustand..................... 19
    4.352 Wärmebehandlung im spannungslosen Zustand.............. 20
4.4 Das Reibverhalten von Streckcopmaterial 20
4.5 Der Nachweis von Materialschäden durch Festigkeitsprüfungen 23
4.6 Die Dehnungseigenschaften von Polyester-Streckcop-Material 24
4.7 Die Dehnungseigenschaften von texturiertem Polyamid-Material 24

5. Zusammenfassung 25

6. Literaturverzeichnis 26

Anhang (Abb. 1–57) 29

1. Allgemeine Betrachtungen

Beanstandungen, die bei der Verarbeitung von Streckcopmaterial geltend gemacht werden, beziehen sich u. a. auf Streifenbildung in Geweben, Ringelbildung in Gewirken oder auch unterschiedlich ausfallende Strumpflängen.

Das Gewebebild bzw. das Aussehen eines Gewirkes kann bereits dadurch verändert werden, daß das zu verarbeitende Material – ohne plastisch deformiert zu sein – mit unterschiedlichen Spannungen in das Flächengebilde eingebracht wird. Daraus resultiert eine anders geartete Einbindung der Fäden bzw. werden die Maschen in nicht immer gleicher Größe gebildet. Wie LÜNENSCHLOSS [1] nachweisen konnte, ergeben sich bei der Verarbeitung von Fadenmaterial unmittelbar vom Streckcop durch die Copform bedingte Fadenabzugsspannungsschwankungen, die zu einer entsprechenden Variation der Strumpflängen führen.

Ähnliche Verhältnisse werden durch eine unterschiedliche Oberflächenbeschaffenheit des zu verarbeitenden Materials geschaffen. Hierfür kann z. B. ein nicht gleichmäßig aufgebrachtes Präparationsmittel maßgebend sein. Die Folge davon ist, daß die an einer bestimmten Maschine zur Erzielung gewünschter Fadenspannungen eingesetzten Bremsen unter wechselnden Bedingungen arbeiten und somit die Fadenzugkräfte von ihrem Sollwert abweichen. Kritische Bedingungen ergeben sich in dieser Beziehung an Strick- und Wirkmaschinen, da hier viele, als Bremselemente wirkende Umlenkstellen vorhanden sind, welche die sich ergebenden Fadenzugdifferenzen noch weiter vergrößern.

Werden bei einem zu verarbeitenden Endlosmaterial Unterschiede der Dehnungseigenschaften festgestellt, dann führen diese bei der Herstellung von Flächengebilden ebenfalls zu störenden Effekten, vor allem dann, wenn es sich um periodisch wiederkehrende Veränderungen der Dehnungseigenschaften handelt. Abb. 1 zeigt beispielsweise das Aussehen eines fehlerhaften Gewebes. Die Streifen verlaufen in Schußrichtung und sind durch die Verarbeitung von Polyamid-Streckcopmaterial hervorgerufen worden.

2. Aufgabenstellung

Es ist bekannt, daß das auf Streckcop vorliegende Material, obwohl es in einem kontinuierlichen Prozeß hergestellt wird, periodische Dehnungsunterschiede aufweist. Wenn also zur Vermeidung von Gewebe- oder Gewirkefehlern entsprechende Gegenmaßnahmen ergriffen werden sollen, dann ist zu klären, welche Einflüsse zu den als Streckzwirnperioden bekannten Dehnungsunterschieden führen. Gelingt es, Einblicke in die entsprechenden Zusammenhänge zu gewinnen, dann wird eine Entscheidung darüber zu treffen sein, ob und eventuell durch welche Maßnahmen die SZ-Perioden wirksam zu bekämpfen sind.

Aus diesem Grunde wurden Untersuchungen darüber angestellt, wie sich Endlosmaterial beim Verstrecken und Aufwinden verhält, in welcher Weise die Dehnungseigenschaften durch Vorbelastungen bzw. Lagerung im gespannten und entspannten Zustand verändert werden und welche Ergebnisse durch eine thermische Behandlung und eine UV-Bestrahlung zu erzielen sind. Diese grundlegenden Untersuchungen gaben die Möglichkeit, Erklärungen für die Dehnungsunterschiede von Streckcopmaterial zu finden. Da außer dem Dehnungsverhalten auch die Reibeigenschaften von Streckcopmaterial Auswirkungen auf das Weberei- und Wirkerei-Produkt nehmen können, schien es angezeigt, auch Versuche auf diesem Gebiet anzustellen. Hier konnte der Nachweis geführt werden, daß die Oberflächenbeschaffenheit von Streckcopmaterial Schwankungen unterworfen ist, die in einem gewissen Zusammenhang zum Aufbau des Cop und damit zur Art der angewandten Ringbanksteuerung steht.

3. Verwendete Prüfgeräte

3.1 Ermittlung der Kraft-Dehnungs-Eigenschaften durch statische Zugversuche

3.11 Zugprüfgerät zur Aufnahme von Kraft-Längenänderungs-Kurven

Für die Durchführung der Versuche fand das mit Abb. 2 gezeigte, nach dem Prinzip der konstanten Verformungsgeschwindigkeit arbeitende Zugprüfgerät Typenbezeichnung »Statigraph V« Verwendung. Es gestattet die Ermittlung der Dehnungseigenschaften von Garnen und Zwirnen durch die Aufzeichnung von Kraft-Längenänderungs-Kurven.
Die Geschwindigkeit der Abzugsklemme kann in weiten Grenzen stufenlos geregelt werden. Die sich während des Zugversuches im Prüfgut ausbildenden Kräfte werden mit einer wegarmen, magnetelektrischen Meßeinrichtung aufgenommen und kommen mit einem nach dem Kompensationsverfahren arbeitenden Lastschreiber (Einstellzeit ca. 250 ms für 120 mm Diagrammpapierbreite) zur Anzeige. Die stufenlos einzustellenden Kraftmeßbereiche erlauben Prüfungen mit Kraftmaßstäben von minimal 0–100 p bis maximal 0–100 kp. Der Diagrammpapiervorschub ist mit der Abzugsklemme gekoppelt, wodurch sich feste Dehnungsmaßstäbe ergeben, die jedoch der jeweiligen Dehnung des Prüfgutes in mehreren Stufen angepaßt werden können. Das Gerät ist außerdem mit einem Steuerteil (Robotex) für eine automatische Bewegung der Abzugsklemme ausgerüstet, wodurch die Ausübung von Wechselbelastungen nach verschiedenen Programmen ermöglicht wird.

3.12 Automatisches Zugprüfgerät zur Untersuchung großer Materiallängen

Für die Durchführung von Reihenuntersuchungen stand außerdem ein vollautomatisch arbeitendes Zugprüfgerät »Statimat« zur Verfügung, das ebenfalls mit einer elektronischen Kraftmeßeinrichtung ausgestattet ist. Für Sonderaufgaben kann die Prüfstreckenlänge – abweichend von der Normeinspannlänge 500 mm – auf 200 oder 100 mm verkürzt werden. Die Anzeige der Kraft- und Dehnungswerte erfolgt zweifarbig in Form von Strichdiagrammen oder Kraft-Längenänderungs-Kurven auf 120 mm breitem Diagrammpapier. Ein eingebautes Klassierwerk ermöglicht die statistische Auswertung der anfallenden Zugkraft- und Dehnungswerte. Der Copwechsler erlaubt die Prüfung von 10 Cops, wobei die Anzahl der durchzuführenden Zugversuche beliebig vorgewählt werden kann. Die gerissenen Fäden werden abgesaugt, in einem Behälter gesammelt und dienen der Nummernbestimmung. Abb. 3 bringt eine Gesamtansicht dieses Gerätes.

3.2 Dehnungs- und Zugprüfungen am laufenden Faden

3.21 Dehnungsprüfmaschine zur Ermittlung der Dehnkräfte bei vorgegebener Dehnungsstufe

Dehnkraftprüfungen am laufenden Faden wurden mit einer Dehnungsprüfmaschine »Dynagraph II« vorgenommen, die mit Abb. 4 gezeigt ist. Der Antrieb der auf einer Welle aufgesetzten Walzenanordnung erfolgt durch einen in weiten Grenzen regelbaren Gleichstrommotor. Die Prüfgeschwindigkeit läßt sich dadurch in einem Bereich zwischen 2 und 60 m/min stufenlos einstellen. Das zu prüfende Fadenmaterial läuft mit einer durch ein elektronisch gesteuertes Vorlaufgerät konstant gehaltenen Spannung über die Zulaufwalzen in die Prüfstrecke ein, deren Länge mit 200 oder 500 mm gewählt werden kann.
Der Getriebeverzug zwischen den Zulaufwalzen und Ablaufwalzen läßt sich über Wechselräder feinstufig verändern. Die sich im Prüfgut in Abhängigkeit vom Getriebeverzug einstellenden Zugkräfte nimmt eine weglose Kraftmeßeinrichtung auf, die einen nach dem Kompensationsprinzip arbeitenden Tintenschreiber ansteuert.
Mit dem »Dynagraph« können neben Dehnkraftprüfungen auch Reibkraftbestimmungen am laufenden Faden durchgeführt werden.
Wie Abb. 5 erkennen läßt, wird in diesem Fall das mit einer konstanten Einlaufspannung vom Vorlaufgerät kommende Fadenmaterial einem als Reibkörper dienenden, polierten Edelstahlzylinder von 30 mm ⌀ zugeführt, wobei der Umschlingungswinkel 172° beträgt. Der Reibkörper ist direkt mit der Meßeinrichtung verbunden, so daß die entstehenden Reibkräfte fortlaufend in Form eines Diagramms aufgezeichnet werden können.

3.22 Zugprüfmaschine zur Bestimmung von Reißkraft und Reißdehnung am laufenden Faden

Mit »Autometer« ist die aus Abb. 6 ersichtliche, selbsttätig arbeitende Zugprüfmaschine bezeichnet, bei der das Prüfgut wie bei der Dehnungsprüfmaschine fortlaufend transportiert, zwischen zwei Walzenpaaren einem über der Bruchdehnung liegenden Getriebeverzug ausgesetzt und dabei zerrissen wird. Die durch eine elektronische Meßeinrichtung aufgenommenen Zugkräfte werden wie bei dem Zugprüfgerät »Statimat« in Form von Strichdiagrammen aufgezeichnet. Das Meßprinzip erfordert die Ermittlung und Darstellung der Dehnungswerte als Zeitgröße, die entsprechend umzurechnen ist. Ein Klassierwerk speichert die Meßwerte, die zur Errechnung statistischer Kennzahlen dienen.
Nach jedem Zugversuch erfolgt die Einführung eines neuen Fadenstücks mit Hilfe eines umlaufenden Saugrüssels. Die gerissenen Fäden werden abgesaugt und zur Nummernbestimmung in einem dafür vorgesehenen Behälter gesammelt. Nach diesem Prüfprinzip, können bei einer Reißzeit von ca. 1 bis 1,5 s pro Stunde 600 Prüfungen durchgeführt werden.

3.3 Gerät zur Ermittlung der Fadenspannung an Streckzwirnmaschinen

Fadenspannungsmessungen an Streckzwirnmaschinen sind mit einer weglosen, magnetelektrisch wirksamen Kraftmeßeinrichtung Type »Elmataster« durchgeführt worden.

3.4 Prüfeinrichtungen zur Ermittlung der Gleichförmigkeitsschwankungen von Endlosfäden

3.41 Nach dem Absorptionsmeßverfahren arbeitende Prüfeinrichtung

Zur laufenden Bestimmung des Fadenquerschnittes monofilen Perlons wurde eine für Sonderaufgaben entwickelte Röntgenapparatur benutzt. Das Gerät ist dem Institut leihweise von den Farbenfabriken Bayer zur Verfügung gestellt worden.

3.42 Mechanisch-elektrisch arbeitendes Prüfgerät

Um Gleichförmigkeitsprüfungen durchführen zu können, wurde außerdem eine Vorrichtung aufgebaut, bei welcher der Fadenquerschnitt mechanisch abgetastet und die Bewegungen des Meßgliedes mit Hilfe eines elektrischen Tintenschreibers aufgezeichnet wird.

3.5 Zusatz- und Hilfsgeräte

Zum spannungskonstanten Aufwinden bzw. zur Abnahme von Fäden von vorgelegten Spulenkörpern fanden elektromotorische Fadenwinden (»Elfawinden«) Verwendung. Das Fadenmaterial wird dabei auf Aluminiumhülsen oder auf in ihrem Umfange zu verändernde Drahthaspeln aufgebracht. Die Auf- bzw. die Abwindespannung ist dabei in weiten Grenzen stufenlos regelbar.

Zur Erzielung hoher Abzugs- oder Liefergeschwindigkeiten diente eine Fadenwindevorrichtung vom Typ »Elfaspuler I«. Gewünschte Geschwindigkeiten können in einem Bereich von 0 bis 1000 m/min gewählt werden; beim Aufwindevorgang kann das Fadenmaterial entweder auf Trommeln oder auch in Kreuzspulform aufgewickelt werden.

Um das Verhalten eines unter Spannung stehenden oder spannungslos abgelaufenen Fadenmaterials gegenüber Wärmeeinflüssen studieren zu können, kam ein »Heraeus«-Trockenschrank zum Einsatz. Die hierbei angewandte thermostatische Regelung gibt die Möglichkeit, eine gewünschte Temperatur beliebig lange aufrechtzuerhalten.

Zur Untersuchung der Empfindlichkeit von Polyamid gegenüber einer UV-Bestrahlung wurde ein Quecksilberdampfbrenner mit Woodglaskolben (»Ultraflex-Leuchte«) angewandt. Die Wellenlänge der Strahlung beträgt hierbei 366 mµ.

4. Durchgeführte Untersuchungen

4.1 Das Verhalten von Polyamid-Material beim Verstrecken und Aufwinden

Die im Schmelzspinnverfahren hergestellten Polyamid-Fäden werden auf der Streckzwirnmaschine auf das 3,5- bis 4,2fache ihrer Ausgangslänge verzogen. Hierdurch tritt eine Orientierung der Moleküle ein, wodurch die gewünschte hohe Festigkeit des Materials erreicht wird [2]. Die Verstreckung erfolgt normalerweise im kalten Zustand, d. h. ohne eine besondere Wärmezufuhr von außen.

Abb. 7 läßt die Dehnungseigenschaften unverstreckten, monofilen Perlons an Hand von Kraft-Längenänderungs-(Dehnungs-)Linien (im weiteren Text kurz KD-Linien genannt) erkennen. Durch den Verstreckungsprozeß wird die Dehnung des Materials auf die für die spätere Verarbeitung nötige Größe von ca. 30% reduziert. Beim Verstrecken werden normalerweise Geschwindigkeiten angewandt, die im Bereich von 700 m/min und darüber liegen. Mit derselben Geschwindigkeit wird das Polyamid-Material unmittelbar nach der Verstreckung in Copform aufgewunden, wobei die aus den klassischen Spinn- und Zwirnverfahren bekannten Elemente Ring und Ringläufer Verwendung finden.

Um die im Zwirn- und Aufwindefeld von Streckzwirnmaschinen gegebenen Spannungsverhältnisse kennenzulernen, sind Fadenspannungsmessungen durchgeführt worden, wobei das Meßelement über der Fadenführungsöse angeordnet war. Abb. 8 zeigt das Fadenspannungsdiagramm für ein in Differentialwicklung aufgewundenes Fadenmaterial. Auffällig ist, daß die Fadenspannungen umgekehrt wie beim normalen Spinn- und Zwirnprozeß verlaufen. Bei der Streckzwirnmaschine treten die höheren Fadenspannungen beim Winden auf den großen Copdurchmesser auf, während die Fadenspannungen beim Bewickeln der Hülse geringer sind. Eine Erklärung hierfür ist in der hohen Liefergeschwindigkeit der Streckzwirnmaschinen zu suchen. Beim Bewickeln der leeren Hülse muß der Ringläufer in seiner Tourenzahl beträchtlich hinter der Spindelumdrehung zurückbleiben, um die vom Streckwerk angelieferte Fadenlänge aufzuwinden. Dadurch wird die Läuferreibung derart verringert, daß sich trotz der ungünstigeren Fadenzugkomponente zwischen leerer Hülse und Ringläufer eine geringere Aufwindespannung ergibt.

In einem Laborversuch sind an einer Ringzwirnmaschine durch die Erhöhung der normalen Liefergeschwindigkeit ähnliche Aufwindebedingungen geschaffen worden wie sie bei Streckzwirnmaschinen vorliegen. Abb. 9 bringt in einer Gegenüberstellung die an einer Hamel-Ringzwirnmaschine mit einer Liefergeschwindigkeit von 25 m/min bzw. 200 m/min aufgenommenen Fadenspannungsdiagramme. Während das linke Diagramm den für den normalen Ringzwirnprozeß bekannten Fadenspannungsrhythmus erkennen läßt, sind durch die hohe Zuliefergeschwindigkeit – verwendet wurde zu diesem Zweck der bis zu 1000 m/min stufenlos regelbare »Elfaspuler I« – die Spannungsverhältnisse in der Weise umgekehrt worden, daß beim Bewickeln der Kegelspitze eine geringere Aufwindespannung entstand als beim Bewickeln der Kegelbasis.

Werden die Spannungszustände betrachtet, denen das Fadenmaterial beim Verstrecken bzw. Aufwinden unterliegt, so ist anzunehmen, daß sich folgende Vorgänge abspielen:
Der im Streckfeld unter großer Spannung stehende Faden wird im Zwirn- und Aufwindefeld sehr stark entlastet. Die Fadenspannungsmessung an einer Streckzwirnmaschine oberhalb der Fadenöse ergab laut Abb. 8 eine Maximalspannung von ca. 3 p bei einem Fadentiter von 20 den. Nach dem Ergebnis von Versuchen mit einer Drehmomentmeßspindel erreicht die wirkliche Aufwindespannung etwa das 2fache dieser gemessenen Größe. Wenn mit einer Streckgeschwindigkeit von 700 m/min gearbeitet wird, so gelangt in einer Sekunde eine Fadenlänge von ca. 11,5 m auf die Streckcophülse. Bei dieser hohen Aufwindegeschwindigkeit ist dem Material kaum die Möglichkeit zu einer Rückbildung, d. h. zu einer Fadenverkürzung gegeben, obwohl ein großes Spannungsgefälle zwischen Streckzone und Aufwindebereich besteht. Die Folge davon wird sein, daß sich in dem auf die nackte Hülse gewickelten Material – da eine Veränderung der Fadenlänge ausgeschlossen ist – in einem als rückläufige Relaxation bezeichneten Prozeß über die Aufwindespannung hinausgehende Kräfte entwickeln.

Diejenigen Fäden, die nicht auf die nackte Hülse, sondern auf untergespulte Lagen gewunden werden, finden durch das Nachgeben der darunterliegenden Fadenlagen eine gewisse Möglichkeit, sich zu verkürzen. Es ist anzunehmen, daß die sich einstellenden Fadenzugkräfte zwar über der Aufwindespannung liegen, daß sie jedoch die Fadenzugkräfte der auf die nackte Hülse gewundenen Fäden nicht erreichen werden. Diese unterschiedlichen Erholungsmöglichkeiten führen dazu, daß sich für das auf einem Streckcop

befindliche Fadenmaterial voneinander abweichende Dehnungseigenschaften ergeben, je nachdem, ob die Fäden auf großen oder kleinen Windedurchmesser verlegt werden.
Einen Überblick über die Dehnungseigenschaften von Streckcop-Material gibt das Dehnkraft-Diagramm der Abb. 10.
Dieses Diagramm ist bei einer Dehnkraftprüfung am laufenden Faden aufgenommen worden, wobei der eingestellte Getriebeverzug 5% betrug. Das Fadenmaterial wurde von einem Cop mit Differentialwicklung abgenommen (vgl. Abschnitt 4.31). Die mit Ho (oberer Hubumkehrpunkt) bzw. Hu (unterer Hubumkehrpunkt) bezeichneten Diagrammstellen entsprechen Fadenstücken, welche auf den kleinen Windedurchmesser des Cop, d. h. auf die leere Hülse gewickelt waren. Die links und rechts neben diesen Diagrammpunkten sichtbaren Diagrammspitzen sind ebenfalls Fadenstücken geringer Windedurchmesser zuzuordnen, jedoch ist das Fadenmaterial hier schon – bedingt durch die Hubverlegung – auf untergespulte Lagen und damit auf größere Windedurchmesser verlegt. Die vom zylindrischen Teil des Streckcop und damit vom Maximaldurchmesser stammenden Fadenstücke weisen die geringsten Dehnkräfte auf. Die bei einer Dehnungsprüfung am laufenden Faden sichtbaren »Girlanden« sind unter dem Namen SZ-Perioden = Streckzwirnperioden bekannt.

Die oben erwähnten Dehnungsunterschiede für die Fadenstücke vom großen bzw. kleinen Windedurchmesser des Streckcop kommen auch in den voneinander abweichenden KD-Linien zum Ausdruck. Der Abb. 11 ist zu entnehmen, daß die KD-Linien des Materials vom kleinen Windedurchmesser Ho einen steileren Verlauf aufweisen als die Kurven, welche für Fadenstücke vom großen Windedurchmesser gelten. Entsprechend zeigt sich auch ein Unterschied hinsichtlich der Bruchdehnung, die für das Material vom kleinen Windedurchmesser geringere Werte erreicht.

Wird dem Fadenspannungsdiagramm der Abb. 8 das Dehnkraft-Diagramm der Abb. 10 gegenübergestellt, so ergibt sich ein Widerspruch, wenn von den üblichen Vorstellungen ausgegangen wird, wonach ein vorbelastetes Material einen steileren KD-Linien-Verlauf aufweist und damit bei Dehnkraft-Prüfungen höhere Dehnkräfte ergibt. Werden dagegen die beim Aufwinden auf untergespulte Lagen bzw. beim Bewickeln der nackten Hülse wirksam werdenden Einflüsse berücksichtigt, so wird die der Fadenspannungsmessung entgegenlaufende Kurve des Dehnkraft-Diagramms verständlich. Das auf die nackte Hülse gewickelte Material hat nämlich gegenüber den Fäden des großen Windedurchmessers nicht die Möglichkeit, sich zu verkürzen, so daß es weniger dehnbar ist, woraus der steilere KD-Linienverlauf resultiert [3].

Diese Überlegung wird auch durch Messungen bestätigt, die der Ermittlung des Fadenquerschnitts dienten. Das Diagramm der Abb. 12 wurde mit einem Röntgenmeßgerät aufgenommen. Der Kurvenverlauf läßt erkennen, daß das auf die leere Hülse aufgewundene Fadenmaterial einen geringeren Fadenquerschnitt aufweist als das vom großen Windedurchmesser Hm abgenommene. Die durch Nachgeben der Unterlage mögliche Fadenverkürzung hat also zu einer Durchmesser- bzw. Querschnittszunahme geführt.

Zu gleichartigen Ergebnissen führten Versuche, die mit Hilfe eines den Fadenquerschnitt mechanisch abtastenden Gerätes durchgeführt worden sind. Das auf diese Weise aufgezeichnete Diagramm ist einem Dehnkraft-Diagramm gegenübergestellt und wird mit Abb. 13 wiedergegeben.

Die Erkenntnisse aus den Fadenspannungsmessungen, den Dehnkraft-Bestimmungen bzw. der Überprüfung des Fadenquerschnittes können also in der Weise zusammengefaßt werden, daß nicht die beim Zwirnen und Aufwinden auftretenden Fadenspannungen, vielmehr Relaxations- und Retardationsvorgänge die Kraft-Dehnungs-Eigenschaften des in Streckcopform vorliegenden Fadenmaterials bestimmen.

4.2 Die Veränderung der Dehnungseigenschaften von Polyamid durch verschiedene Einflüsse

4.21 Einfluß von Zugbeanspruchungen

Bei allen textilen Rohstoffen werden die in Form von KD-Linien darzustellenden Dehnungseigenschaften durch Zugbeanspruchungen verändert. Das hat zur Folge, daß die KD-Linie des zugbeanspruchten Materials – sofern bei dieser Beanspruchung eine plastische Deformation eingetreten ist – steiler wird und damit über derjenigen des Ausgangsmaterials liegt. Mit dieser Veränderung der Dehnungseigenschaften geht eine Abnahme der Bruchdehnung einher. Polyamid-Material weist demgegenüber ein etwas anderes Verhalten auf. Hier wird – wie Abb. 14 erkennen läßt –, der Verlauf der KD-Linie in der Weise verändert, daß diejenige des vorbeanspruchten Materials unter der mit A bezeichneten Linie des Ausgangsmaterials herläuft. Die Linien des vorbelasteten Materials entfernen sich von der Ausgangs-KD-Linie A um so mehr, je größer die Vorbelastung war.

Diese Aussage hat jedoch nur für den ersten Teil der KD-Linie Gültigkeit. Wie die Darstellung zeigt, treten die Linien des mit 75 bzw. 100 p vorbelasteten Fadenmaterials im Bereich des »Knies« durch die Linie des Ausgangsmaterials. Bei diesen Versuchen ist das Fadenmaterial in einem Festigkeitsprüfer jeweils bis zu der angegebenen Höhe belastet und die Rest-KD-Linie nach Rückführung der Abzugsklemme in die Ausgangslage aufgenommen worden. Zwischenzeitlich wurde die untere Klemme, nachdem sie ihre Ausgangslage erreicht hatte, geöffnet und das Vorspanngewicht erneut zur Wirkung gebracht.

Die in dieser Art bei Polyamid-Material durch Vorbelastung stattfindende Veränderung der Dehnungseigenschaften ist auch durch Dehnkraftprüfungen am laufenden Faden nachzuweisen. Die entsprechenden Informationen sind den Diagrammen der Abb. 15 zu entnehmen. Der obere, zwischen 0 und 60 p schwankende Kurvenzug zeigt die mit Hilfe einer Dehnungsprüfmaschine auf einen Faden ausgeübten Zugkräfte. Sie wurden dadurch erzeugt, daß beim Durchlauf des Fadens wechselnd ein Getriebeverzug von 12 bzw. 0% eingestellt wurde. Der auf diese Weise behandelte Faden ist mit einer geringen Spannung auf eine Aluminiumhülse gewickelt und anschließend einer erneuten Dehnungsprüfung mit einem konstanten Getriebeverzug von 7% unterzogen worden. Das hierbei aufgenommene Diagramm ist aus dem unteren Teil der Abb. 15 ersichtlich. Der Diagrammverlauf läßt erkennen, daß das vorbelastete Material weniger Last aufnimmt als das nicht vorbelastete.

4.22 Einfluß einer Lagerung

4.221 Lagerung im gespannten Zustand

Um die Veränderung der Dehnungseigenschaften von Perlon durch Lagerung im gespannten Zustand zu ermitteln, ist unter Berücksichtigung der sich beim Aufwinden verstreckten Materials an der Streckzwirnmaschine ausbildenden Vorgänge unverstrecktes Perlonmaterial mit der Dehnungsprüfmaschine »Dynagraph« um 290% verzogen und anschließend mit Hilfe einer »Elfawinde« mit 5 bzw. 25 p Aufwindespannung auf eine Aluminiumhülse gewickelt worden. Höhere Getriebeverzüge konnten nicht angewendet werden, da sich Fadenbrüche einstellten, die darauf zurückgeführt werden, daß bei einer Streckgeschwindigkeit von 20 m/min die innere Erwärmung des Fadens zu gering ist. Nach einer Lagerung von 1 Stunde bzw. 14 Tagen Dauer sind dann wieder KD-Linien aufgenommen worden. Abb. 16 zeigt, in welcher Weise die Dehnungseigenschaften verstreckten Perlonmaterials durch Lagerung unter Spannung verändert werden. Der Abbildung ist zu entnehmen, daß – ähnlich wie bei Abb. 14 – die Linien des mit hoher Spannung aufgewundenen Materials flacher verlaufen als die Kurven der Fäden, die mit 5 p Aufwindespannung auf die Aluminiumhülse aufgebracht wurden. Wichtig ist jedoch die Feststellung, daß die Lagerung des Materials unter Spannung in beiden Fällen zu einem Steilerwerden der KD-Linien führt [4].

Ähnliche Tendenzen konnten nachgewiesen werden, wenn von einem Streckcop abgenommenes Material unter Spannung gelagert wird. Die Probenvorbereitung erfolgte dabei in gleicher Weise wie für das unverstreckte Material. Um von allen Einflüssen frei zu sein, die sich durch die unterschiedlichen Dehnungseigenschaften des Materials vom großen bzw. kleinen Windedurchmesser ergeben, ist das für diese Zwecke vorgesehene Material dem nahezu zylindrischen Teil eines Cop mit Kötzerwicklung entnommen worden. Vorbelastet wurde mit Aufwindespannungen von 25, 50 und 75 p. Die Dauer der Lagerung betrug 1 Stunde, 1 Tag und 14 Tage. Anschließend aufgenommene KD-Linien bringen die Abbildungen 17–19. Wie bei den vorbesprochenen Untersuchungen an dem im unverstreckten Zustand vorliegenden Fadenmaterial zeigt sich auch hier, daß die Vorbelastung zu KD-Linien führt, welche die Linien des Ausgangsmaterials im Anfangsbereich unterscheiden, und zwar um so stärker, je höher die angewandte Vorbelastung gewählt wird. Diese Tendenz wird durch eine längere Lagerung nicht verändert. Allerdings zeigt sich – was zu erwarten war – daß mit der Dauer der Lagerung die Kurven steiler werden.

4.222 Lagerung im spannungslosen Zustand

Ausgehend von dem Gedanken, daß dem Streckcop-Material, wenn es zu Geweben oder Gewirken verarbeitet wird, die Möglichkeit zu einer Entspannung gegeben ist, wurde dem zylindrischen Teil eines Streckcop Fäden entnommen und im spannungslosen Zustand für die Dauer einer Stunde bzw. die Dauer von 14 Tagen gelagert. Wie die Linien der Abb. 20 veranschaulichen, verschieben sich die Kurven im Laufe der Zeit von links nach rechts.

Die Frage, wie sich vorbelastetes Material bei anschließender spannungsloser Lagerung verhält, wird mit Abb. 21 beantwortet. Die Größe der Vorbelastung wurde mit 75 p gewählt und durch einen entsprechenden Getriebeverzug mit Hilfe der Dehnungsprüfmaschinen »Dynagraph« auf das Fadenmaterial ausgeübt. Das die Prüfstrecke verlassende Material ist mit geringer Spannung auf eine in ihrem Umfang verstellbare Drahthaspel aufgewickelt worden. Durch Verringerung des Haspelumfanges konnte das vorbelastete Perlonmaterial völlig entlastet werden. Die Kurve der 1 Stunde gelagerten Fäden unterschneidet die Ausgangs-KD-Linie in ihrem unteren Teil und überschneidet dieselbe geringfügig in ihrem oberen Verlauf. Eine solche Überschneidung ist bei den Kurven des 8 bzw. 14 Tage spannungslos gelagerten Materials nicht festzustellen. Interessant ist die Tatsache, daß sich das Material, dem die Möglichkeit einer Erholung im entspannten Zustand gegeben wird, trotz der vorangegangenen Belastung in seinem KD-Linien-Verlauf nach rechts orientiert.

4.23 Einfluß einer Wärmebehandlung

4.231 Wärmebehandlung im gespannten Zustand

Inwieweit die in Abschnitt 4.221 erläuterten Vorgänge durch eine Wärmebehandlung beschleunigt werden können bzw. zu beeinflussen sind, sollte durch Versuche ermittelt werden, bei denen das Material trockener Hitze ausgesetzt wird. Hierzu wurde ein »Heraeus«-Trockenofen benutzt, wobei das mit einer Windspannung von 25, 50 bzw. 75 p auf Aluminiumhülsen gewickelte Material für die Dauer einer Stunde Temperaturen von 50, 100 und 150°C ausgesetzt worden ist. Die nach entsprechender Klimatisierung aufgenommenen KD-Linien werden mit den Abb. 22–24 gezeigt. Diesen Darstellungen ist zu entnehmen, daß die KD-Linien um so steiler werden, je höher die Behandlungstemperatur gewählt wird, d. h. die Dehnbarkeit des Perlons geht zurück, was auch in der abnehmenden Bruchdehnung zum Ausdruck kommt.

Dabei ist auf eine Sonderheit im Verlauf der Linien von Abb. 24 hinzuweisen. Während sich die Kurven der einer Temperatur von 50 bzw. 100°C ausgesetzten Fäden mit steigender Aufwindkraft zunehmend weiter nach rechts verlagern und damit der bekannten Tendenz folgen, ist bei den KD-Linien des mit 150°C behandelten Materials ein umgekehrtes Verhalten zu beobachten.

Ein Vergleich der Abb. 17–19 mit den Abb. 22–24 läßt deutlich werden, daß eine Lagerung unter Spannung ebenso wie eine Wärmebehandlung eines unter Spannung stehenden Materials eine Kurvenverschiebung nach links zur Folge hat, daß aber die Behandlung in trockener Hitze das Material bedeutend stärker verändert. Während nämlich die höchste Vorbelastung mit 75 p bei dem Lagerungsversuch (vgl. Abb. 19) ein starkes Unterschneiden der Ausgangs-KD-Linie erbringt, überschneidet bereits die Linie des nur mit 25 p vorbelasteten und auf 150°C erhitzten Materials die Ausgangslinie um ein beträchtliches (vgl. Abb. 24). Diese Tendenz bleibt bei dem Vergleich aller übrigen Vorbelastungs- und Temperaturstufen erhalten.

4.232 Wärmebehandlung im spannungslosen Zustand

Nachdem sich für das im gespannten Zustand erwärmte Perlon eine Dehnungsverminderung ergibt, bleibt zu erwarten, daß dieselbe Behandlung für ein frei beweglich, d. h. spannungslos gelagertes Fadenmaterial zu einer stärkeren Rückgewinnung von Dehnung führen wird. Die Kurven der Abb. 25 bestätigen diese Vermutung durch den mit steigender Temperatur flacher werdenden Kurvenverlauf.

Werden diese Kurven denjenigen der Abb. 20 gegenübergestellt, so ergibt sich, daß bereits eine einstündige Wärmebehandlung bei 50°C wirkungsvoller ist als eine 14tägige Lagerung im spannungslosen Zustand.

Höhere Temperaturen verändern den Kurvenverlauf in einem Maße, wie es durch spannungslose Lagerung bei Normaltemperatur kaum erreicht werden kann.

4.24 Einfluß einer UV-Bestrahlung

Polyamid-Material hat eine unbefriedigende Lichtbeständigkeit. Diese wird durch Titandioxid als Mattierungsmittel noch weiter herabgesetzt. Die Lichtbeständigkeit kann jedoch durch Einlagerung entsprechender Zusätze in die Faser verbessert werden [2].

Welchen Einfluß eine UV-Bestrahlung auf die Dehnungseigenschaften von Perlon nimmt, ist durch entsprechende Untersuchungen ermittelt worden. Zu diesem Zweck wurde von dem zylindrischen Teil eines Streckcop Perlonmaterial abgenommen und spannungslos einer UV-Strahlung ausgesetzt. Der verwendete Hochdruck-Quecksilberdampfbrenner erzeugte eine UV-Strahlung mit der Wellenlänge 366 mµ und war in einem Abstand von 300 mm über der zu bestrahlenden Probe angeordnet.

Die KD-Linien der Abb. 26 lassen die Veränderungen der Kraft-Dehnungseigenschaften in Abhängigkeit von der Bestrahlungsdauer erkennen. Die mit A bezeichnete Kurve stellt die Linie des Ausgangsmaterials dar. Die Kurve B veranschaulicht, in welchem Maße die Linie des Ausgangsmaterials durch eine spannungslose Lagerung verändert wird. Zu erwähnen ist noch, daß die Probe im Dunklen aufbewahrt wurde, um die Einwirkung von Lichteinflüssen mit Sicherheit auszuschalten.

Wie das Diagramm zeigt, wirkt sich eine UV-Bestrahlung in der Weise aus, daß mit zunehmender Bestrahlungsdauer die Festigkeit abfällt und die Bruchdehnung zurückgeht. Parallel dazu ist festzustellen, daß der Kurvenverlauf um so flacher wird, je länger das Perlonmaterial der UV-Bestrahlung ausgesetzt war. Hinzuweisen bleibt auf den großen Rückgang der Bruchdehnung, der bereits in den ersten beiden Tagen der UV-Bestrahlung eingetreten ist.

4.3 Die Dehnungseigenschaften von Streckcopmaterial

4.31 Die Beeinflussung der Dehnungs-Eigenschaften durch die Art der Streckcopwicklung

Die Unterschiede in den Dehnungseigenschaften des von einem Streckcop abgenommenen Materials werden maßgebend durch die Durchmesserunterschiede innerhalb eines Hubes bestimmt. In dem Bestreben, den Einfluß dieser Durchmesser-Differenzen auf möglichst große Fadenlängen zu verteilen, sowie der Wunsch, optimale Ablaufeigenschaften zu erzielen, führten zu der Entwicklung unterschiedlicher Streckcopbewicklungsarten. Mit den Abb. 27–30 werden die einzelnen Wicklungsarten schematisch dargestellt. Entsprechend dem Streckcopaufbau entspricht der rechte Teil der Darstellungen jeweils der Hubbewegung der Ringbank bei leerem Cop. Die Ringbankbewegung für die *Differentialwicklung* geht aus Abb. 27, die für die *Kötzerwicklung* aus Abb. 28, die für die *kombinierte Kötzerwicklung* aus Abb. 29 und die für die *bikonische Parallelwicklung oder Flyerwicklung* aus Abb. 30 hervor. Diese Aufzählung umfaßt die z. Z. gebräuchlichsten Streckcopbewicklungsarten.

In den Darstellungen bedeuten Ho und Hu den äußersten oberen bzw. unteren Hubumkehrpunkt der Ringbankbewegung. Diese Punkte werden bei der Kötzer- und bikonischen Parallelwicklung innerhalb eines einzigen Hubes, bei der Differentialwicklung dagegen erst nach einer Vielzahl von Hüben erreicht. Bei einer in kombinierter Kötzerwicklung stattfindenden Fadenverlegung fährt die Ringbank den Punkt Hu bei jedem Hub, den Punkt Ho jedoch erst nach einer Reihe von Ringbankspielen an. Mit Hm wird der Hubbereich definiert, bei welchem der Faden auf den maximalen Copdurchmesser verlegt wird. Die Begriffe Ho, Hu und Hm werden im folgenden Text sowie in den Diagrammen ebenfalls zur Kennzeichnung der bei der entsprechenden Ringbankstellung aufgewundenen Fadenstücke verwendet. Wie eingangs mit Abb. 10 gezeigt, besteht ein Zusammenhang zwischen der Fadenverlegung und den Dehnungseigenschaften des aufgewundenen Fadenmaterials. Die Dehnungseigenschaften lassen sich exakt durch Dehnungsprüfungen am laufenden Faden ermitteln. Wird ein Fadenmaterial eines in Differentialwicklung aufgewundenen Fadens einer derartigen Prüfung unterzogen, dann entsteht ein Dehnkraft-Diagramm, wie es mit Abb. 31 dargestellt wird.

Die geringste Dehnkraft weisen demnach die Fadenstücke auf, die auf den großen Copdurchmesser Hm gewunden sind. Im Lauf der Ringbankfortschaltung wird das Fadenmaterial auf zunehmend geringer werdende Copdurchmesser verlegt, bis beim Erreichen des oberen bzw. unteren Umkehrpunktes eine Bewicklung der nackten Hülse erfolgt. Die auf die leere Hülse verlegten Fadenstücke haben – wie auch aus Abb. 11 hervorgeht – eine geringere Dehnbarkeit und führen somit zu den größten im Diagramm sichtbar werdenden Dehnkraftspitzen. Nach Erreichen des oberen bzw. unteren Hubumkehrpunktes bewegt sich die Ringbank in entgegengesetzter Richtung, wodurch die Dehnkraftspitzen allmählich wieder kleiner werden. Auf diese Weise entsteht ein Diagramm, welches annähernd den gleichen Dehnkraftverlauf für die Fäden des oberen als auch unteren konischen Teils des Streckcop aufweist.

Bei der *Kötzerwicklung* wird innerhalb eines einzigen Ringbankhubes Fadenmaterial auf den größten und kleinsten Windedurchmesser verlegt. Nach den bisherigen Ausführungen dürfte mit jedem Ringbankhub nur eine Dehnkraftspitze für das Fadenmaterial vom kleinen Windedurchmesser Ho zur Aufzeichnung kommen. Wie der Abb. 32 zu entnehmen ist, führt auch das Fadenmaterial vom unteren Umkehrpunkt Hu zu einer Kraftspitze, die jedoch nicht durchmesserbedingt sein kann.

Einen Überblick über das Dehnkraft-Diagramm eines in *kombinierter Kötzerwicklung* aufgewickelten Perlonmaterials gibt die Abb. 33. Auch hier bilden sich Kraftspitzen für das Fadenmaterial vom unteren Hubumkehrpunkt Hu aus.

Wird das Fadenmaterial von einem Kötzer mit *bikonischer Parallelwicklung (Flyerwicklung)* einer Dehnkraft-Prüfung unterzogen, so wäre – da innerhalb eines Hubes keine Copdurchmesserunterschiede bestehen – zu erwarten, daß ein völlig gleichmäßiger Kurvenverlauf aufgezeichnet wird. Abb. 34 läßt jedoch erkennen, daß die vom oberen bzw. unteren Hubumkehrpunkt stammenden Fadenstücke veränderte Dehnungseigenschaften aufweisen, die als Kraftspitzen im Dehnungsdiagramm zur Anzeige kommen. Da diese Spitzen nicht durchmesserbedingt sein können, müssen für ihr Entstehen andere Ursachen maßgebend sein. Von anderer Seite werden diese Kraftspitzen damit erklärt, daß bei den Fadenstücken Ho und Hu der Druck darüberliegender Fadenlagen fehlt und somit kein Abbau der in diesen Fäden wirkenden Kräfte eintreten kann [3].

4.32 Einfluß der Aufwindespannung auf die Ausbildung der SZ-Perioden

4.321 Das Läufergewicht

Im vorhergehenden Abschnitt wurde aufgezeigt, daß die SZ-Perioden mit der Streckcopbewicklungsart und dem jeweiligen Streckcopdurchmesser in Zusammenhang stehen. Das Bestreben, die Dehnungsunterschiede für die Fadenstücke vom vollen Cop bzw. von der leeren Hülse so gering wie möglich zu halten, gab Veranlassung, den Einfluß unterschiedlicher Läufergewichte auf die Ausbildung der SZ-Perioden zu untersuchen. Den Diagrammen der Abb. 35 ist zu entnehmen, daß zwar, bedingt durch die höhere Aufwindespannung, das mit schwerem Läufer aufgewickelte Material im Dehnkraft-Diagramm insgesamt etwas höher liegt, also weniger dehnbar ist, daß aber die Schwankungsbreite und das allgemeine Aussehen der SZ-Periode nahezu unverändert blieb. Die höhere Lastaufnahme ist wohl damit zu erklären, daß der durch den schweren Läufer fester gewickelte Garnkörper eine geringere Längenänderung gegenüber dem mit leichtem Läufer aufgewundenen Fadenmaterial zuläßt. Zu ergänzen ist noch, daß die Streckcops nach einer Lagerungszeit von ca. 7 Monaten geprüft worden sind, und es sich bei der angewandten Wicklungsart um eine kombinierte Kötzerwicklung handelt.

4.322 Die Läuferlage im Ring

Im Zusammenhang mit der Untersuchung des Einflusses des Läufergewichts scheint eine Beobachtung interessant zu sein, die bei der Überprüfung der Dehnungseigenschaften von vier gleichartigen Streckcops gemacht wurde.

Das Bild der SZ-Perioden hatte für jeden Cop ein anderes Aussehen, obwohl sie zum gleichen Zeitpunkt von derselben Streckzwirnmaschine abgenommen worden waren, gleiche Durchmesser aufwiesen und zum gleichen Zeitpunkt geprüft wurden.

Die voneinander am stärksten abweichenden Diagramme werden mit Abb. 36 gezeigt.

Die unterschiedlich hohen Dehnkräfte (oberes Diagramm 34–45 p, unteres Diagramm 30–40 p) werden darauf zurückgeführt, daß die in diesem Falle gleichen Läufer nicht unter gleichen Voraussetzungen auf der Ringbahn umgelaufen sind und dort verschieden hohe Bremskräfte erfahren haben. Zu verweisen ist in dem Zusammenhang auch auf die den langperiodischen Dehnkraft-Veränderungen überlagerten Schwankungsspiele im unteren Diagramm.

4.33 Einfluß der Cop-Füllung auf die Ausbildung der SZ-Perioden

Wie bereits dargelegt wurde, besteht ein Zusammenhang zwischen den Copdurchmessern einerseits und den Dehnungs-Eigenschaften des Perlonmaterials andererseits. Um einen Überblick über nicht nur einige Kilometer lange Fadenabschnitte, sondern über das Material eines ganzen Cop zu bekommen, sind mehrere derartige Garnkörper lagenweise bis zur leeren Hülse untersucht worden. Die Prüfung erfolgte in insgesamt 7–9 Sektionen, wobei das Aufschneiden der Lagen, die nicht mit in die Untersuchungen einbezogen werden sollten, eine starke Zeitraffung bedeutete, so daß zeitbedingte Einflußgrößen weitgehend aus dem Meßergebnis auszuklammern sind.

Die Versuche wurden an ca. 3½ Jahre alten Streckcops durchgeführt, um die durch die lange Lagerung eingetretene Veränderung der Dehnungseigenschaften besonders anschaulich aufzeigen zu können. Abb. 37 zeigt in einer Gegenüberstellung Dehnkraft-Diagramme von Fäden eines vollen, halbvollen und fast leeren Streckcop.

Das obere, vom Fadenmaterial des vollen Cop aufgenommene Dehnkraft-Diagramm weist Kraftspitzen für die Fadenstücke vom kleinen Windedurchmesser Ho auf. Kraftspitzen vom unteren Hubumkehrpunkt sind nur schwach angedeutet. Das mittlere Diagramm vom halbvollen Cop zeigt gut ausgeprägte SZ-Perioden. Die mittlere Lastaufnahme der Fadenstücke vom großen Copdurchmesser Hm ist jedoch bedeutend geringer als bei dem Diagramm vom vollen Cop. Das untere Diagramm dieser Kurventafel gibt die Dehnkräfte für das Material des fast leeren Cop wieder. Da hierbei keine Durchmesserunterschiede mehr gegeben sind, entfallen die Schwankungsspiele. Lediglich die Fadenstücke vom unteren Hubumkehrpunkt Hu markieren sich durch eine kleine Spitze. Zu vermerken bleibt, daß die Dehnkraft der Fadenstücke Hm wieder angewachsen ist und die der vergleichbaren Fadenstücke vom vollen Cop noch um ein geringes übersteigt.

Die Zusammenhänge zwischen der Dehnkraft und dem Copdurchmesser dieses gelagerten Perlonmaterials Td 20 sind in einer anderen Darstellungsweise in Abb. 38 deutlich gemacht. Wie dem Diagramm zu entnehmen ist, verändert sich die Dehnkraft für die Fadenstücke des oberen Hubumkehrpunktes vom vollen bis zum leeren Cop nur unwesentlich.

Eine weit stärkere Veränderung liegt für das Fadenmaterial vom großen Windedurchmesser Hm vor. Die größten Dehnkraft-Unterschiede zwischen den Fadenstücken Ho und Hm bestehen bei halb gefülltem Cop. Die für die Fadenstücke Hu geltende Linie nimmt eine Mittellage zwischen Ho und Hm ein.

Von einem gleichartigen, ebenfalls 3½ Jahre gelagerten Cop sind zur Beurteilung der Dehnungs-Eigenschaften KD-Linien von Fadenstücken Hm bei Cop-Durchmessern von 95, 70 und 50 mm aufgenommen worden, die mit Abb. 39 wiedergegeben werden.

Hier zeigen sich insofern Parallelen zu Abb. 38, als die einem Copdurchmesser von 70 mm zuzuordnenden Fadenstücke Hm den flachsten KD-Linien-Verlauf besitzen. Diese Fadenstücke des halbvollen Cop weisen außerdem die größte Bruchdehnung auf. Interessant ist allerdings die Feststellung, daß die Fadenstücke Hm vom vollen Cop eine bedeutend geringere Bruchdehnung als vergleichbare Fadenstücke haben, die vom halbvollen bzw. leeren Cop stammen. Hier haben äußere Einflüsse zu dieser Veränderung der Dehnungseigenschaften geführt. Bei der Kötzerwicklung werden nämlich die zu einem früheren Zeitpunkt gesponnenen Fadenlagen dem Einfluß äußerer Einwirkungen dadurch entzogen, daß sich die folgenden Fadenlagen schützend über diese legen.

4.34 Einfluß der Lagerungszeit auf die Ausbildung der SZ-Perioden

Wie in Abschnitt 4.1 ausgeführt, sind für die Entstehung der SZ-Perioden nicht die im Zwirn- und Aufwindefeld unterschiedlich wirksamen Fadenspannungen, vielmehr die Auswirkung von Relaxations- und Krumpf-Vorgängen maßgebend. Eine Bestätigung hierfür geben die für frisch gesponnenes und gelagertes Perlon-Material geltenden Dehnkraft-Diagramme. Das obere Diagramm der Abb. 40 ist 24 Stunden und das untere Diagramm derselben Abbildung 4 Wochen nach der Herstellung des in kombinierter Kötzerwicklung aufgebauten Streckcop aufgenommen worden.

Das Diagramm des nur 24 Stunden gelagerten Perlonmaterials weist für den oberen Hubumkehrpunkt Ho und die oberen Umkehrpunkte der vorher bzw. nachher ausgeführten Hübe nach unten gerichtete Spitzen auf. Das untere, über das Dehnungsverhalten des gelagerten Perlons Aufschluß gebende Diagramm zeigt einen veränderten Verlauf mit nach oben weisenden Spitzen.

Die mit diesen Diagrammen gezeigte Veränderung der Dehnungseigenschaften von frisch gesponnenem Perlon durch Lagerung wurde in vielen Versuchsreihen immer wieder bestätigt gefunden. Damit werden von WEGENER und SCHUBERT veröffentlichte Ergebnisse ergänzt, wonach die Veränderung der Dehnungseigenschaften von Polyamid-Streckcopmaterial ausschließlich als Funktion des Windedurchmessers bzw. in Verbindung mit Retardationseinflüssen gesehen wird [3]. Für das unmittelbar auf die Hülse aufgewundene Material spielen sich jedoch Vorgänge ab, die in Abschnitt 4.221 ausführlich behandelt wurden und die dazu führen, daß der KD-Linien-Verlauf eines unter Spannung gelagerten Materials mit der Zeit zunehmend steiler wird [4]. Hierauf ist das in dem unteren Diagramm der Abb. 40 sichtbar werdende Anwachsen der Dehnkräfte der Fadenstücke Ho zurückzuführen. Daß die Dehnkräfte der Fadenstücke Hm absinken, dürfte damit zu erklären sein, daß sich der frisch gesponnene Cop »setzt« und die äußeren Lagen auf den untergespulten eine gewisse Erholungsmöglichkeit finden.

Bezüglich des Einflusses der Lagerung auf die Veränderung der Dehnungseigenschaften von frisch gesponnenem Streckcopmaterial ist auch auf Abschnitt 4.4 und die dort gezeigten Abb. 46 und 47 zu verweisen. Diese im Zusammenhang mit Reibkraftbestimmungen stehenden und noch näher zu besprechenden Diagramme sind 27 bzw. 150 Stunden nach der Herstellung der Streckcops aufgenommen worden. Das Diagramm des 27 Stunden gelagerten Materials weist für den oberen Hubumkehrpunkt Ho eine deutlich nach unten gerichtete Spitze auf. Schwach angedeutet sind die ebenfalls nach unten weisenden Spitzen der im vorhergehenden bzw. nachfolgenden Ringbankhub ebenfalls auf kleine Windedurchmesser verlegten Fadenstücke. Die Fadenabschnitte Hu markieren sich im allgemeinen Kurvenverlauf noch nicht.

Das nach der Lagerungszeit von 150 Stunden entstandene Dehnkraft-Diagramm der Abb. 47 zeigt demgegenüber einen exakt mit der Ringbankbewegung übereinstimmenden Kurvenverlauf, dessen Aussehen sich auch nach wochenlanger Lagerung des Streckcop nicht mehr wesentlich änderte. Die nach kurzer Lagerungszeit nach unten gekehrten Kraftspitzen der Fadenstücke Ho sind jetzt nach oben gerichtet. Außerdem zeichnen sich die vom unteren Hubumkehrpunkt Hu stammenden Fadenstücke durch schlanke Kraftspitzen aus, deren Lastaufnahme höher als die der Fadenstücke Ho ist.

4.35 Ausgleich unterschiedlicher Dehnungseigenschaften

4.351 Lagerung im spannungslosen Zustand

Mit Abb. 20 wurde gezeigt, daß eine gewisse Veränderung der Kraft-Dehnungs-Eigenschaften durch eine spannungslose Lagerung zu erreichen ist. In einem Parallelversuch ist untersucht worden, wieweit sich SZ-Perioden durch eine spannungslose Lagerung verringern bzw. gänzlich löschen lassen. Der obere Kurvenzug in Abb. 41 bringt die von einem Streckcop aufgenommenen SZ-Perioden. Im Anschluß an die Dehnkraft-Prüfung ist vom gleichen Streckcop Perlonmaterial auf eine Haspel gewickelt und nach Verringerung des Haspelumfanges 14 Tage in völliger Dunkelheit spannungslos im Normalklima gelagert worden. Das nach Ablauf dieser Zeit aufgenommene Dehnkraft-Diagramm ist dem unteren Teil der Abb. 41 zu entnehmen. Durch die spannungslose Lagerung ist sowohl eine Verminderung der mittleren Lastaufnahme als auch eine Verringerung der Spitzenkräfte der Fadenstücke Ho und Hu eingetreten.

In welchem Maße die in einem Streckcopmaterial vorhandenen Dehnungsunterschiede ausgeglichen werden können, wird sowohl von der Lagerungszeit des Streckcop und den Lagerungsbedingungen als auch von der Zeitdauer der anschließenden spannungslosen Lagerung abhängen. So konnten z. B. die sogeannnten Girlanden bei einem in Flyerwicklung verlegten, ca. $^3/_4$ Jahr gelagerten Perlonmaterial durch eine 8 Wochen dauernde spannungslose Lagerung vollkommen gelöscht werden. Die in Abb. 42 gegenübergestellten Diagramme lassen die Veränderung der Dehnungseigenschaften erkennen. Zu beachten ist die für das untere Diagramm durch die Rückbildung des Materials notwendig gewordene Änderung des Dehnkraft-Maßstabes. Damit wäre für den reinen Laborversuch eine Möglichkeit gegeben, die Dehnungsunterschiede der Fäden der verschiedenen Copabschnitte durch eine spannungslose Lagerung weitgehend oder völlig auszugleichen. Für die Praxis dürfte dieses Verfahren jedoch undurchführbar sein.

4.352 Wärmebehandlung im spannungslosen Zustand

Wie bereits mit Abb. 25 gezeigt wurde, ist eine Veränderung der Dehnungseigenschaften durch eine Wärmebehandlung im spannungslosen Zustand zu erzielen. In einem gleichartigen Versuch sind Fadenstücke von den Copteilen Ho und Hm für die Dauer einer Stunde spannungslos trockener Hitze von 100°C ausgesetzt worden, um festzustellen, wieweit die unterschiedlich verlaufenden KD-Linien und damit die Dehnungseigenschaften dieser Fadenstücke einander angenähert werden können. Bei diesem Material handelte es sich um dasselbe, mit dem im vorangegangenen Abschnitt der Einfluß einer 14tägigen spannungslosen Lagerung untersucht worden ist.

Die Abb. 43 gibt an Hand von KD-Linien einen Überblick über die Veränderung der Dehnungseigenschaften, die sowohl durch die spannungslose Lagerung als auch die spannungslose Lagerung unter gleichzeitiger Einwirkung von Hitze entstanden ist. Die Ergebnisse dieser beiden Versuche können wie folgt zusammengefaßt werden:

Sowohl die spannungslose Lagerung als auch die thermische Behandlung führen dazu, daß das Material im steilen Teil der KD-Linie »dehnbarer« wird. Beide Behandlungsverfahren bringen ferner eine Rückbildung »blockierter Dehnung«, die sich in einem Anwachsen der Bruchdehnung bemerkbar macht. Sie geben jedoch in diesem Falle nicht die Möglichkeit, die für Ho und Hm gegebenen Unterschiede restlos zu löschen. Es ist jedoch zu bemerken, daß die Versuche an 3½ Jahre lang gelagertem Perlon-Material durchgeführt worden sind.

4.4 Das Reibverhalten von Streckcopmaterial

Streifen- und Ringelbildungen, die bei der Verarbeitung von Polyamid zu Geweben und Gewirken beobachtet werden, gaben Veranlassung, neben dem Dehnungsverhalten auch das Reibverhalten von Streckcopmaterial zu untersuchen. Unterschiede in der Oberflächenbeschaffenheit führen zwangsläufig zu Veränderungen der Fadenzugkräfte, die sich hinter Fadenbremsen und Fadenleitorganen ausbilden. Hierdurch können sich unerwünschte Störungen bei Spulvorgängen ergeben, die weitere nachteilige Auswirkungen zur Folge haben. Beim Webvorgang kann eine unterschiedliche Oberflächenbeschaffenheit des als Schußgarn verwendeten Streckcopmaterials dazu führen, daß die Fadenbremse im Schützen unter wechselnden Bedingungen arbeitet, wodurch eine ungünstige Beeinflussung des Einbindevorgangs entsteht. Bei Strick- und Wirkvorgängen werden durch Oberflächenunterschiede verursachte Fadenspannungsschwankungen die Maschengröße verändern und somit eine störende Ringelbildung ergeben.

Die Reibkraftbestimmungen erfolgten in der Weise, daß das zu untersuchende Material über einen polierten Edelstahlzylinder von 30 mm ⌀ geführt und die hinter dem Reibkörper mittels einer weglosen Kraftmeßeinrichtung aufgenommenen Fadenzugkräfte in Diagrammform aufgezeichnet wurden. Dem zur Meßeinrichtung gehörenden Vorlaufgerät kommt dabei die Aufgabe zu, den Faden unabhängig von sich unterschiedlich ausbildenden Ablaufspannungen am vorgelegten Spulenkörper mit immer gleicher Spannung dem Reibkörper zuzuführen. Bei vergleichenden Reibkraft- und Dehnkraftprüfungen ließen sich unter bestimmten Voraussetzungen gewisse Übereinstimmungen erkennen. Daraus ist zu entnehmen, daß auch die Oberflächenbeschaffenheit eines in Streckcopform aufgewundenen synthetischen Endlosfadens Unterschiede bzw. Veränderungen aufweist, die in einem gewissen Zusammenhang mit der Streckcopwicklung bzw. dem hierbei angewandten Aufwindeverfahren stehen.

Zweifellos werden sich auf dem Reibkörper im Verlauf der Prüfung auf den Faden aufgebrachte Präparationsmittel (Avivagen) absetzen. Das wird zu Veränderungen der Reibkräfte und damit zu einem gewissen Einfluß auf die hinter dem Reibkörper ermittelte Fadenspannung führen. Keinesfalls wird damit aber die Messung in einer Weise verfälscht, daß sie bezüglich der unterschiedlichen Oberflächenbeschaffenheit unbrauchbare Aussagen vermitteln könnte.

Bevor die Besprechung von Ergebnissen erfolgt, die bei normalen Reibwertprüfungen gefunden wurden, d. h. solchen, bei denen der Faden über einen Stahlzylinder gleitet, soll jedoch gezeigt werden, daß sich bei synthetischen, von Streckcops entnommenen Fadenmaterialien Reibkraftperioden auch dann ergeben, wenn durch eine besondere Fadenführung eine Reibkraftbestimmung »Faden gegen Faden« vorgenommen wird. Der Vorteil einer solchen Methode liegt darin, daß abgelagerte Avivagemittel keine »verfälschenden« Wirkungen auf das entstehende Reibkraftdiagramm haben können. Wie aus Abb. 44 ersichtlich ist, bestehen bei einer solchen Prüfung keine grundlegenden Unterschiede gegenüber Diagrammen (vgl. Abb. 46–49), die unter Verwendung des feststehenden Reibkörpers aufgezeichnet wurden. Aus diesem Grunde ist die Methode der Reibkraftbestimmung Faden gegen Faden bei dem vorliegenden Untersuchungsvorhaben nicht weiter zur Anwendung gekommen.

Wie schon erwähnt, zeigen sich bei der früher allgemein angewandten Differentialwicklung gute Übereinstimmungen zwischen den Reibkraft- und den Dehnkraft-Diagrammen. Es war deshalb naheliegend, anzunehmen, daß die bei Streckzwirnmaschinen angewandten hohen Spindeldrehzahlen durch eine Art Zentrifugierprozeß zu einer Wanderung der Avivage in die Außenlagen des Streckcop führen. Fadenstücke vom großen Copdurchmesser müßten demnach einen höheren Präparationsauftrag aufweisen als Fadenstücke, die sich im Innern des Spulenkörpers befinden bzw. die an der Hülse anliegen. Hierbei wird angenommen, daß ein hoher Präparationsmittelauftrag zu geringeren, ein geringer Präparationsauftrag dagegen zu höheren Reibkräften führt.

Gegen die Richtigkeit dieser Theorie sprechen Untersuchungen von synthetischen Endlosfäden, die Streckcops mit kombinierter Kötzerwicklung entnommen wurden. Hier zeigte sich, daß Fadenstücke von praktisch gleichem Copdurchmesser unterschiedliche Reibeigenschaften aufwiesen, je nachdem, ob sie von der Copmitte Hm oder vom unteren Umkehrpunkt des Spulenkörpers Hu stammten.

Dies führt zu der Überlegung, daß die nicht von anderen schützenden Fadenlagen überdeckten Fadenstücke Hu, die der Einwirkung von Licht und Sauerstoff ausgesetzt waren, nicht nur Veränderungen der Kraft-Dehnungs-Eigenschaften, vielmehr auch der Oberflächenbeschaffenheit bzw. der aufgebrachten Avivagemittel erfahren haben.

In diesem Zusammenhang soll auf Abb. 45 verwiesen werden. Hier wird das Reibkraft-Diagramm von Perlon-Material Td 20 gezeigt, welches spannungslos in Strangform für die Dauer von 8 Tagen einer UV-Bestrahlung ausgesetzt war. Bei diesem Versuch sind $2/3$ des Haspelstrangumfanges durch Abdecken mit Aluminium-Folie der Einwirkung des UV-Lichtes entzogen worden. Wie dem Diagramm zu entnehmen ist, weist das bestrahlte Material höhere Reibkräfte auf als die nicht bestrahlten Fadenstücke. Die verwendete UV-Leuchte kam unter den gleichen Verhältnissen zum Einsatz, wie das bereits in Abschnitt 4.24 näher beschrieben wird.

In Abschnitt 4.34 wurde mit Abb. 40 gezeigt, daß sich der Verlauf der SZ-Periode in Abhängigkeit von der Lagerungszeit des Streckcop verändert. In welchem Ausmaß das auch für die Reibkräfte zutrifft, ist aus den Abb. 46 und 47 ersichtlich. Jede Abbildung enthält ein Reibkraft- und ein im Anschluß an diese Prüfung von den folgenden Fadenlagen desselben Streckcop aufgenommenes Dehnkraft-Diagramm. Die Prüfung nach Abb. 46 wurde ca. 27 Stunden und diejenige der Abb. 47 ca. 150 Stunden nach Herstellung des Streckcop durchgeführt.

Während das nur kurz (27 Stunden) gelagerte Material bereits ein ausgeprägtes Schwankungsspiel der Reibkräfte erkennen läßt, wird die bekannte Dehnkraft-(SZ)Periode noch nicht sichtbar. Im Gegenteil bringt das von der oberen Copspitze (Ho) abgenommene Fadenmaterial sogar noch einen geringen Abfall der Dehnkraft. Nach einer Lagerung während 125 Stunden hat sich das Aussehen der Reibkraft-Diagramme nicht wesentlich verändert. Dagegen bilden sich jetzt beim Dehnkraft-Diagramm SZ-Perioden aus, die in guter Übereinstimmung mit dem Kurvenverlauf der Reibkraft-Prüfung stehen. Sowohl die Reibkräfte als auch die Dehnkräfte liegen für das länger gelagerte Material tiefer. Das gab bei der Aufnahme des Reibkraftdiagramms Veranlassung zu einer Verlegung des Kraftmaßstabes.

Nicht verständlich ist zunächst, daß nicht nur die von der oberen Copspitze Ho, sondern auch die von der unteren Hubumkehr Hu stammenden Fadenstücke höhere Reibkräfte erfahren. Die Erklärung, wonach Fadenlagen eines größeren Windungsdurchmessers durch Zentrifugieren mehr Avivage aufweisen als solche, die dicht an der Hülse liegen, ist hier also nicht anwendbar. Wie schon mit Abb. 45 aufgezeigt, sind offenbar für die Veränderung der Oberflächenbeschaffenheit verschiedene Einflüsse maßgebend.

Bestätigt wird diese Annahme durch die mit Abb. 48 wiedergegebenen Reibkraft- und Dehnkraft-Diagramme. Hier wurden die inneren Fadenlagen eines ca. 120 Tage alten Streckcop untersucht. Obwohl anzunehmen wäre, daß nicht nur das Reibkraft-, sondern auch das Dehnungsdiagramm weitgehend geradlinig verläuft, zeigen sich hier – allerdings relativ schwach ausgeprägt – mit der Hubverlegung übereinstimmende Schwankungsspiele.

Wenn sich bei den mit Abb. 49 dargestellten Diagrammen – aufgenommen an einem ca. 1 Jahr gelagerten Streckcop – für den unteren Hubumkehrpunkt Hu keine ausgeprägten Reibkraftspitzen ausbilden, dann wird eine Erklärung hierfür darin gesucht, daß es zu einem Kraftanstieg für ein Fadenmaterial mit geringerem Avivageauftrag erst dann kommen wird, wenn ein zwischenzeitlich auf dem Reibkörper abgelagerter Schmierfilm abgebaut ist.

Zweifellos bestehen Zusammenhänge zwischen den durch Verstrecken des Fadenmaterials veränderten Kraft-Dehnungs-Eigenschaften und der Oberflächenbeschaffenheit bzw. dem Reibverhalten. Um das nachzuweisen, wurde unter Verwendung eines Lieferwerks und einer »Elfawinde« Perlon Td 20, das dem zylindrischen Teil eines Streckcop entnommen wurde, unterschiedlichen Zugbeanspruchungen ausgesetzt. Anschließend sind dann die Reibkräfte ermittelt worden. Abb. 50 bringt die gefundenen Ergebnisse. Deutlich ist sichtbar, daß die unter genau gleichen Voraussetzungen für das Ausgangsmaterial aufgenommenen Reibkräfte niedriger liegen als die Kräfte, die für das mit 10 p und 25 p vorbelastete Material ermittelt wurden.

In Abschnitt 4.351 wurde gezeigt, daß eine spannungslose Lagerung zu einem Ausgleich bestehender Dehnkraft-Schwankungen führt. Es ergab sich die Frage, ob eine solche spannungslose Lagerung auch Veränderungen der vorher festgestellten Reibkraft-Perioden vermittelt. Mit Abb. 51 wird das Ergebnis eines entsprechenden Versuchs mitgeteilt. Oben wird ein Reibkraft-Diagramm wiedergegeben, das bei der Überprüfung des direkt von einem Streckcop abgenommenen Ausgangsmaterials aufgezeichnet wurde. Das darunter liegende Diagramm gilt für das gleiche Fadenmaterial, das 14 Tage spannungslos in Strangform gelagert war. Die Reibkraftspitzen für die Fadenstücke Ho sind fast völlig verschwunden. Die Spitzen Hu scheinen zwar noch ausgeprägt, die Maximalwerte sind jedoch zurückgegangen. Das übrige Fadenmaterial ist nur wenig verändert, da die Basiswerte der Kurven auch für das gelagerte Material bei etwa 10 p liegen. Worauf die etwas größere Unruhe beim unteren Kurvenzug zurückzuführen ist, konnte zunächst nicht geklärt werden. Wahrscheinlich wirken sich hier irgendwelche Vorgänge bei der Probenvorbereitung aus.

Den bei den Reibkraftprüfungen getroffenen Feststellungen kommt zweifellos Bedeutung zu. Das Institut befaßt sich deshalb weiterhin mit einschlägigen Fragen und Problemen, über deren Ergebnis später getrennt Bericht gegeben wird.

4.5 Der Nachweis von Materialschäden durch Festigkeitsprüfungen

Nach den bisherigen Feststellungen ergeben sich bei gelagertem Streckcopmaterial für die Fadenstücke Ho, Hu und Hm nicht nur voneinander abweichende Dehnungseigenschaften. Vielmehr ist unter gewissen Voraussetzungen auch mit einer Festigkeitsminderung zu rechnen. Da innerhalb eines Ringbankhubes große Fadenlängen verlegt werden, bietet sich zur Überprüfung der Festigkeits- und Dehnungseigenschaften der Einsatz automatisch arbeitender Zugprüfgeräte an.

Abb. 52 zeigt in Form von Strichdiagrammen, in welchem Ausmaß sich sowohl die Reißkraft als auch die Reißdehnung der Fadenstücke Ho eines ca. 2 Jahre gelagerten, in Kötzerwicklung aufgewundenen Perloncop verändert haben. Die Diagramme wurden mit dem automatisch arbeitenden Zugprüfgerät »Statimat« aufgenommen, wobei für das obere Diagramm dieser Abbildung eine Einspannlänge von 500 mm und für das untere Diagramm eine Einspannlänge von 200 mm angewandt wurde. Die Verkürzung der Einspannlänge gibt die Möglichkeit, über nur kurze Fadenlängen verteilte Veränderungen sicher zu erfassen und anschaulich aufzuzeichnen.

Die Veränderung der Kraft-Dehnungs-Eigenschaften der Fadenstücke Ho wird auf die Einwirkung von Licht und Sauerstoff zurückgeführt. Bei Cops mit Kötzerwicklung verliert sich diese Fadenschädigung beim Abziehen weiterer Fadenlagen mehr und mehr, da die Fäden im Copinneren durch die darüber liegenden Lagen vor äußeren Einwirkungen geschützt sind. Die Fadenstücke Hu werden dagegen ständig dem Einfluß von Licht und Sauerstoff ausgesetzt und weisen bei einer Schädigung durch die oben genannten Einflüsse annähernd gleichbleibende geringe Reißkraft- und Dehnungswerte auf. In diesem Zusammenhang ist auf Abb. 53 zu verweisen.

Hier wurde mit dem automatisch arbeitenden Zugprüfgerät »Autometer« das Fadenmaterial eines in Kötzerwicklung aufgewundenen Streckcop geprüft, der 3½ Jahre gelagert hatte und von welchem bereits zahlreiche Fadenlagen abgezogen waren. Während die Fadenstücke im Bereich des oberen Hubumkehrpunktes Ho nur eine geringe Veränderung im Vergleich zu den übrigen Fadenstücken erkennen lassen, ist ein starker Festigkeits- und Dehnungsverlust für die Fadenstücke Hu gegeben. Da die Reißzeit bei diesen Zugkraftprüfungen am laufenden Faden nur ca. 1–1,5 s beträgt, können etwa 600 Zugversuche pro Stunde durchgeführt werden, wobei also in kurzer Zeit eine umfassende Information über das zu prüfende Fadenmaterial zu erlangen ist.

Die Abb. 54 und 55 zeigen die durch Lagerung eingetretene Schädigung eines in kombinierter Kötzerwicklung aufgewundenen Fadens. Die Prüfung ist mit einem älteren »Autometer« durchgeführt worden, bei dem die Aufzeichnung der Last- und Dehnungswerte nicht gemeinsam, sondern mit zwei getrennten Schreibwerken erfolgt. Die Diagramme der Abb. 54 wurden bei der Prüfung von vier Fadenlagen aufgezeichnet, die vom zylindrischen Teil des Streckcop stammten. Die Fadenstücke Hu lassen eine starke Verminderung der Festigkeits- und Dehnungswerte erkennen. Wenn sich die Schädigungen in unterschiedlich großen Abständen zeigen, dann ist das auf die bei der kombinierten Kötzerwicklung angewandte Fadenverlegung zurückzuführen. Aus den Diagrammen der Abb. 55 geht hervor, daß auch die durch die Ringbankfortschaltung auf den konischen Teil des Cop verlegten Fäden eine Festigkeits- und Dehnungseinbuße erlitten haben. Besonders stark in Mitleidenschaft gezogen wurde das auf die nackte Hülse gewickelte Fadenstück Ho.

In Verbindung mit der Untersuchung gelagerten Streckcopmaterials ist eine Beobachtung zu erwähnen, die bei der Untersuchung eines Cop unter einer UV-Analysenleuchte gemacht wurde. Hier ergab sich für den unteren konischen Teil eines Streckcop (Kötzerwicklung), in dem die Fadenstücke Hu aller Fadenlagen ständig dem Licht und der Luft ausgesetzt sind, ein andersartiger Lumineszenzeffekt als für Fäden des oberen konischen Copteils, von dem in einer vorangegangenen Prüfung einige Fadenlagen abgezogen worden waren. Die unterschiedliche Lumineszenz beruht wohl auf einer Veränderung der Avivage und/oder des Polyamid-Materials und erlaubt auf diese Weise gewisse Rückschlüsse auf das Alter des Cop.

4.6 Die Dehnungseigenschaften von Polyester-Streckcop-Material

Polyesterfäden werden in gleicher Weise wie Polyamidfäden auf Streckcops aufgewunden. Dehnkraft-Prüfungen an Polyestermaterial ließen ebenfalls SZ-Perioden erkennen. Abb. 56 zeigt ein entsprechendes Diagramm. Hier spielen sich also ähnliche Vorgänge für das auf dem Cop befindliche Material wie bei Polyamid ab.

4.7 Die Dehnungseigenschaften von texturiertem Polyamid-Material

Nachdem mit Dehnkraft-Bestimmungen aufgezeigt werden konnte, daß in Streckcop-Material Dehnungsunterschiede vorhanden sind, ergab sich die Frage, in welcher Weise diese SZ-Perioden die Dehnungseigenschaften des im Falschdrahtprozeß erzeugten texturierten Garns beeinflussen können. Da bei Falschdrahtmaschinen die Zuliefergeschwindigkeit und Fadenabzugsgeschwindigkeit in einem festen Verhältnis zueinander stehen, wurde vermutet, daß die im Ausgangsmaterial vorhandenen Unterschiede in den Kraft-Dehnungs-Eigenschaften des texturierten Garns wiederzufinden sind. Eine Bestätigung dieser Annahme gibt Abb. 57. Es ist noch nachzutragen, daß das texturierte Garn als Doppelfaden auf einer Kreuzspule vorlag und daß nur einer dieser beiden Fäden der Dehnkraft-Prüfung unterzogen wurde.

5. Zusammenfassung

Die von Streckcops abgenommenen Endlosfäden (Polyamid, Polyester) weisen mit der Fadenverlegung übereinstimmende Unterschiede der Dehnungseigenschaften auf. Diese lassen sich übersichtlich durch Dehnkraft-Prüfungen am laufenden Faden aufzeigen. Zunächst könnte angenommen werden, daß diese unterschiedlichen Dehnungseigenschaften eine Folge der sich beim Bewickeln der unterschiedlichen Copdurchmesser einstellenden Fadenspannungen sei. Die auf den kleinen Windedurchmesser bzw. auf die nackte Hülse aufgewundenen Fadenstücke sind nämlich weniger dehnbar als die vom großen Windedurchmesser stammenden. Fadenspannungsmessungen an Streckzwirnmaschinen führten jedoch zu dem Ergebnis, daß bei den hier vorliegenden Liefergeschwindigkeiten beim Winden auf den kleinen Copdurchmesser geringe, beim Winden auf den großen Copdurchmesser dagegen hohe Fadenzugkräfte wirksam sind. Somit ergeben sich also widersprechende Tendenzen, d. h. daß die Aufwindespannungen als Ursache für die Dehnungsunterschiede nicht in Frage kommen können. Die Entstehung dieser Dehnungsunterschiede – welche, da sie mit der Streckcopbewicklung übereinstimmen und periodisch verlaufen auch unter der Bezeichnung SZ-(Streckzwirn)Perioden bekannt sind – ist auf Vorgänge zurückzuführen, die sich nach dem Aufwinden im Streckcopmaterial abspielen.

In der Verstreckungszone wird der Faden um einen hohen Betrag verstreckt, wobei sich hohe Zugkräfte ausbilden. Demgegenüber sind die Aufwindespannungen gering. Das Fadenmaterial wird also nach der vorangegangenen hohen Belastung bestrebt sein, sich um gewisse Beträge zu verkürzen. Die beim Streckzwirnvorgang hierfür zur Verfügung stehende Zeit ist jedoch infolge der hohen Liefergeschwindigkeiten (700 m/min und darüber) so gering, daß eine nennenswerte Fadenverkürzung unterbunden wird. Für die direkt auf die Hülse aufgewundenen Fadenstücke kommt es unter der Wirkung einer rückläufigen Relaxation zu einem über die Aufwindespannung hinausgehenden Kraftanstieg. Die auf die großen Spulendurchmesser aufgewundenen Fäden finden demgegenüber die Möglichkeit, sich zu verkürzen, da die Fadenlagen im Copinneren durch die darüber liegenden Fäden etwas zusammengedrückt werden können.

Die KD-Eigenschaften eines unter Spannung gelagerten Materials unterliegen zeitabhängigen Vorgängen, die dazu führen, daß die KD-Linien der auf die Hülse aufgewundenen Fäden in ihrem vorderen Teil zunehmend steiler werden und die Bruchdehnung abnimmt. Für die auf den großen Windedurchmesser verlegten Fäden spielen sich ähnliche Vorgänge ab. Deren Auswirkung auf die Veränderung der KD-Eigenschaften bleibt jedoch geringer, da eine Fadenverkürzung möglich ist. Der KD-Linien-Verlauf dieser Fadenstücke ist daher flacher und die Bruchdehnung größer.

Im Zusammenhang mit den oben geschilderten Vorgängen wird daher verständlich, daß Dehnkraft-Prüfungen an frisch gesponnenem Streckcopmaterial die charakteristischen SZ-Perioden noch nicht erkennen lassen. Manchmal ergeben sich sogar für die Fadenstücke vom kleinen Windedurchmesser der leeren Hülse geringere Dehnkräfte als für Fäden der größeren Copdurchmesser. Erst mit zunehmender Lagerungszeit bilden sich dann die unterschiedlichen Dehnungseigenschaften für die Fäden der verschiedenen Windedurchmesser aus.

Die Dehnkraft-Unterschiede für Fadenabschnitte, die während eines Ringbankhubes auf unterschiedliche Copdurchmesser verlegt werden, sind von der Copfüllung abhängig. Die stärksten Gegensätze in bezug auf die Dehnungs-Eigenschaften bestehen für die Fäden des halbvollen Cop.

Wird Polyamid-Material längere Zeit gelagert, so ist damit eine Blockierung der elastischen Eigenschaften verbunden, d. h. die Fäden bilden sich bei der Abnahme vom Cop nicht sofort, sondern erst mit einer gewissen Verzögerung zurück. Diese Vorgänge spielen sich in den aus diesem Material hergestellten Flächengebilden ab, sobald durch eine spannungslose Lagerung dazu die Möglichkeit gegeben wird. Auf diese Weise kommt es zu einem gewissen Einsprung und bei ungleichen Dehnungseigenschaften zu Verwerfung, Ringel- oder Streifenbildungen.

Diese störenden Auswirkungen wären theoretisch dadurch auszugleichen, daß die Fäden vom Cop abgenommen, in Strangform überführt und erst nach einer entsprechend langen spannungslosen Lagerung weiterverarbeitet werden. Die Lagerungszeit könnte dabei wesentlich durch eine Wärmebehandlung verkürzt werden. Dieses Verfahren dürfte jedoch für die Praxis keine Bedeutung haben. Die wirksamste Methode zur Vermeidung einer Streifen- oder Ringelbildung wird also in der schnellen Verarbeitung des angelieferten Streckcopmaterials liegen.

Während die Dehnungsunterschiede eines mehrere Wochen gelagerten Streckcopmaterials durch eine spannungslose Lagerung rückgängig gemacht werden können, führt eine mehrjährige Lagerung zu Veränderungen der Dehnungseigenschaften, die irreversibel sind, da eine Materialschädigung eingetreten ist. Diese kommt in einer Festigkeits- und Dehnungsabnahme zum Ausdruck und ist durch Zugprüfungen nachzuweisen. Als maßgebende Faktoren haben klimatische Einflüsse sowie die Einwirkung von Licht (UV-Bestrahlung) zu gelten. Besonders gefährdet sind also die Fadenabschnitte, die in Abhängigkeit von der angewandten Streckcopbewicklungsart nicht von anderen Fadenlagen überdeckt werden.

Auf eine Streifen- oder Ringelbildung in Geweben und Gewirken nimmt aber nicht nur die unterschiedliche Rückbildungsneigung des Fadenmaterials Einfluß; auch periodisch wechselnde Fadenspannungen bei der Verarbeitung können diese Fehlerbilder erzeugen. In diesem Zusammenhang sind die Fadenspannungsschwankungen zu erwähnen, die sich beim Abziehen der Fäden vom Cop ergeben.

Des weiteren wirkt sich die Oberflächenbeschaffenheit des zu verarbeitenden Materials auf die Bremskräfte aus, die von den an den Verarbeitungsmaschinen verwendeten Bremselementen erzeugt werden. Bei einschlägigen Prüfungen ist meist festzustellen, daß bei Polyamid-Streckcopmaterial oberflächenbedingte Reibkraftperioden auftreten, die einen gleichartigen Verlauf haben wie die SZ-Dehnkraft-Perioden. Sie können – vor allem, wenn größere Kraftunterschiede auftreten – sehr nachteilige Auswirkungen haben. Ihre Entstehungsursache scheint noch nicht befriedigend geklärt.

Neben Polyamid-Material sind auch Polyesterfäden in bezug auf ihre Dehnungseigenschaften untersucht worden. Hierbei konnten ebenfalls mit der Streckcopbewicklung übereinstimmende Veränderungen der Dehnungseigenschaften festgestellt werden.

6. Literaturverzeichnis

[1] LÜNENSCHLOSS, J., und F. BUSCH, Welchen Einfluß üben Streckzwirncops-Aufbau, Raumklima und maschinenbedingte Momente auf die Strumpflänge aus? Wirkerei- und Strickerei-Technik Coburg, 1965, Nr. 4, S. 165–172.

[2] FOURNÉ, J., Synthetische Fasern. Wissenschaftl. Verlagsgesellschaft mbH Stuttgart, 1964, S. 91–101, 242, 298.

[3] WEGENER, W., und H. SCHUBERT, Eigenschaften endloser synthetischer Fäden in Abhängigkeit vom Streckcopaufbau. Chemiefasern 6/1965, S. 433, und DE RUIG, J. R., A New Approach to Barré-free Packages of Continuous-filament Weft Yarn: the ‚Megaphone' Traverse Pattern. Journal of the Textile Institute, Volume 58 No. 5 (1967), S. 200–209.

[4] STEIN, H., und H. VAN DER WEYDEN, Das Verhalten von vorbelasteten Fäden beim Lagern und beim Benetzen. Zeitschrift f. d. g. Textilindustrie 66 (1964), S. 1000.

Außerdem wird auf folgende Veröffentlichungen des ITM verwiesen:

STEIN, H., Zugprüfungen an Textilien mit einer weglosen, elektronischen Kraftmeßeinrichtung. Forschungsbericht Nr. 700 des Wirtschafts- und Verkehrsministeriums NRW (1958).

STEIN, H., Ermittlung der Kraft-Dehnungs-Eigenschaften von Fasern und Fäden. Spinner, Weber, Textilveredlung 80 (1962), S. 506.

STEIN, H., Zugprüfungen an Fasern und Fäden nach dem Prinzip der konstanten Verformungsgeschwindigkeit. Chemiefasern 6/1964, S. 403.

STEIN, H., Dehnkraft-Prüfungen am laufenden Faden. Chemiefasern 3/1966, S. 194.

STEIN, H., und S. HOBE, Meßtechnische Untersuchungen über die Eignung eines neuen Schnellverfahrens zur Ermittlung der Reißkraft von fortlaufend bewegten Fäden bzw. Gespinsten und Zwirnen. Forschungsbericht Nr. 1723 des Landes NRW (1966).

Anhang

Abb. 1 Mit dem Streckcopaufbau übereinstimmendes schußstreifiges Gewebebild

Abb. 2 Statisches Zugprüfgerät »Statigraph«

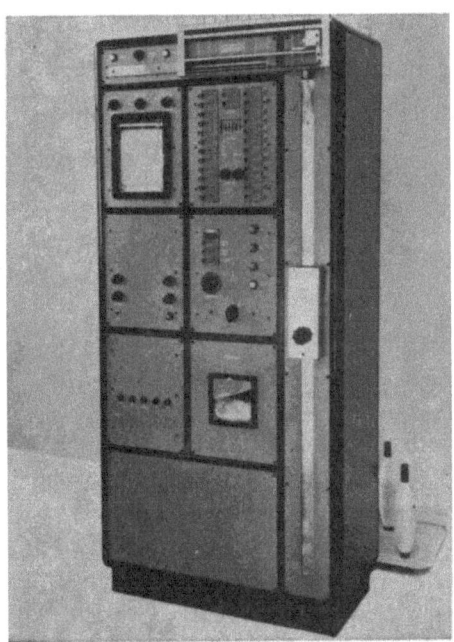

Abb. 3 Automatisch arbeitendes, statisches Zugprüfgerät »Statimat«

Abb. 4 Dehnungsprüfmaschine »Dynagraph II«

 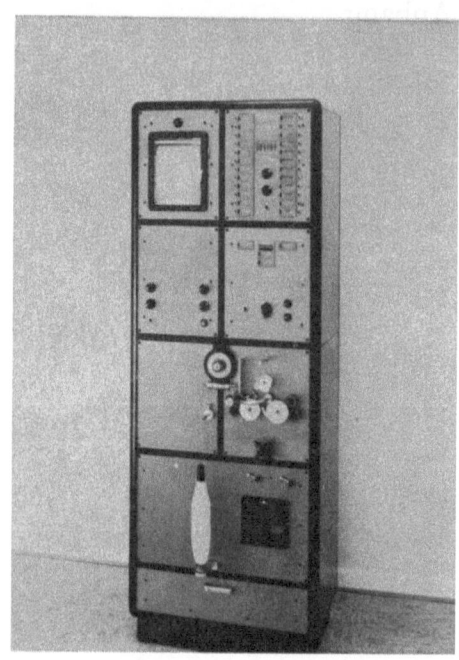

Abb. 5   Reibvorrichtung zur Dehnungsprüfmaschine »Dynagraph II«

Abb. 6   »Autometer« zur Durchführung von Zugprüfungen am laufenden Faden

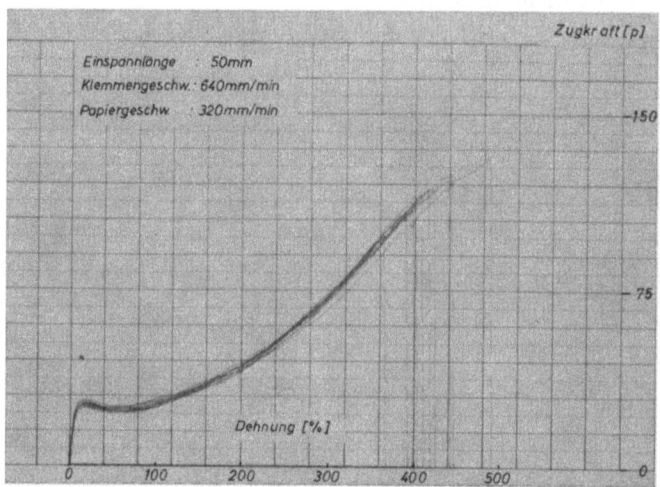

Abb. 7   Kraft-Dehnungs-Verhalten von unverstrecktem Perlon

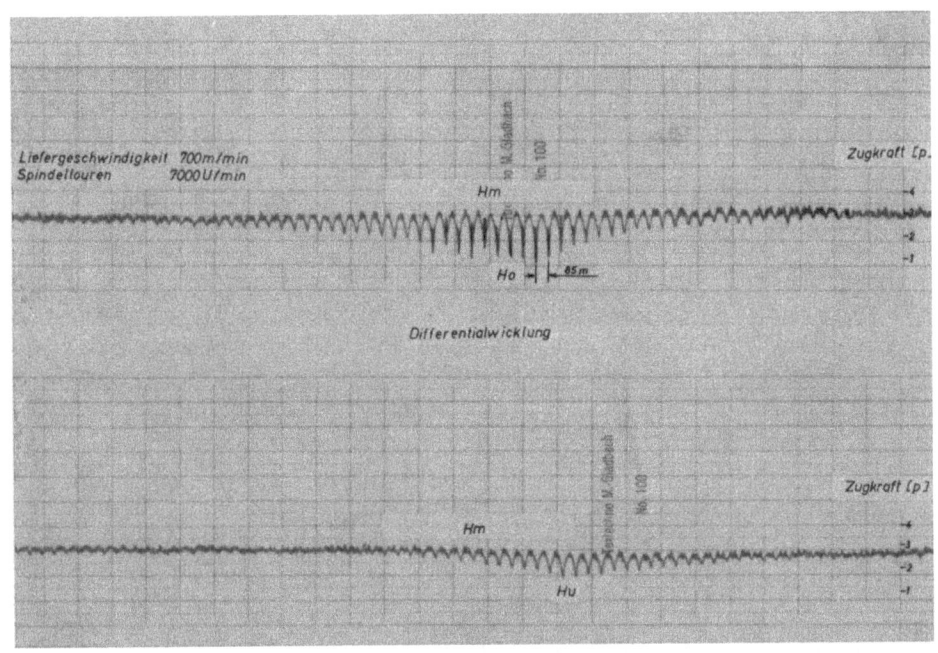

Abb. 8 Fadenspannungsmessung an Streckzwirnmaschinen

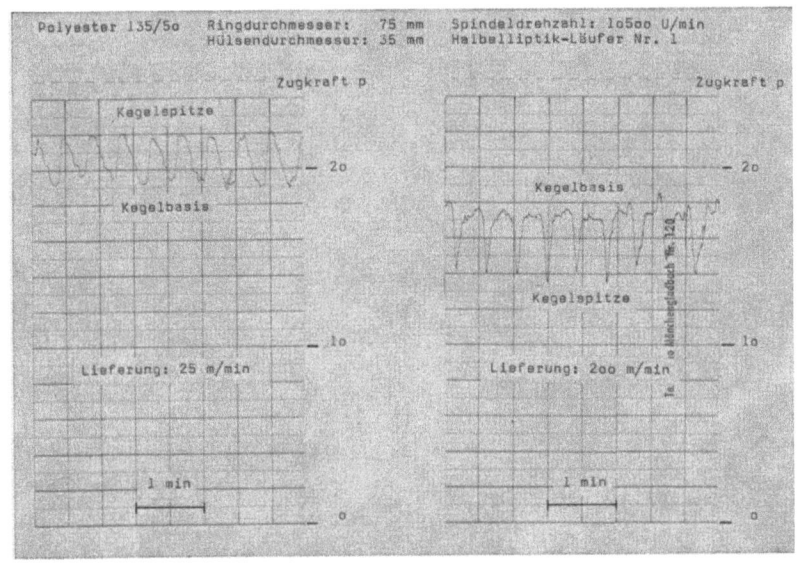

Abb. 9 Einfluß der Liefergeschwindigkeit auf die Zwirnspannung bei normalem Copaufbau

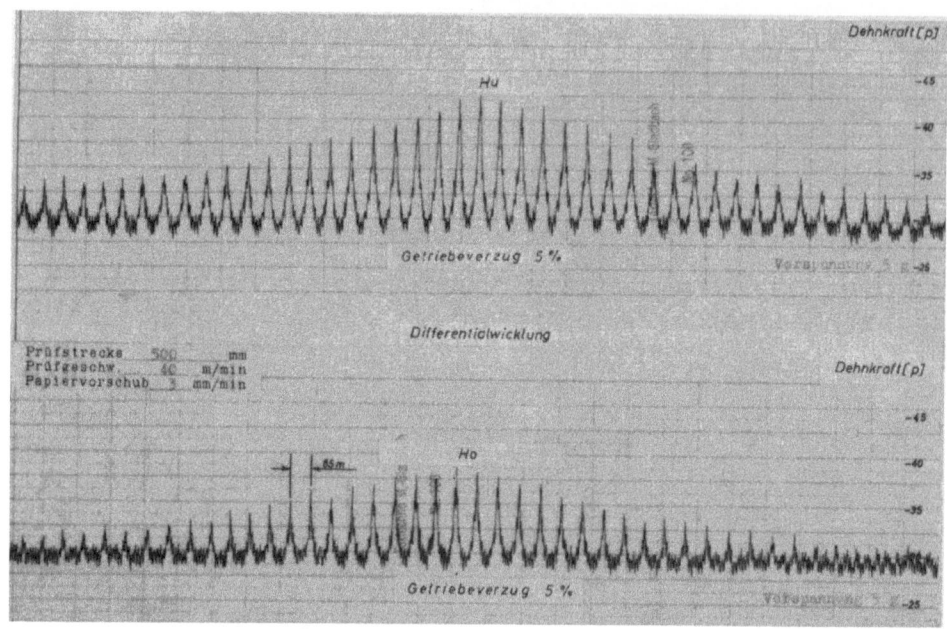

Abb. 10 Dehnkraft-Prüfung an Perlon, Td 20

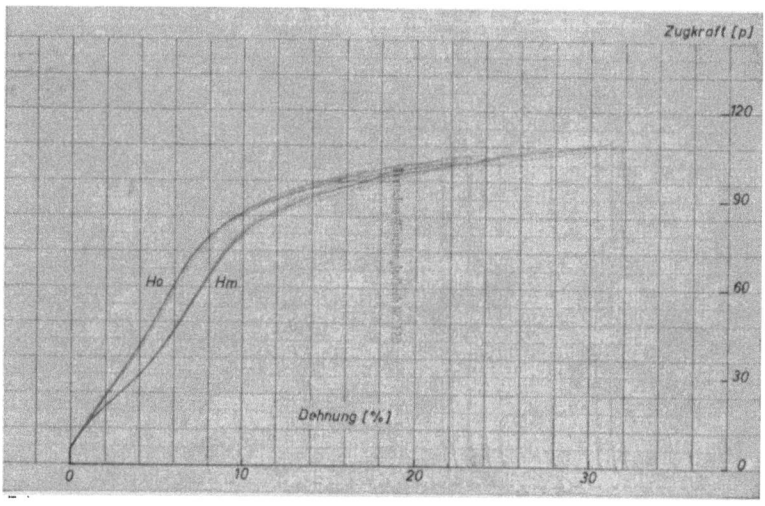

Abb. 11 Kraft-Dehnungs-Linien von Perlon, Td 20

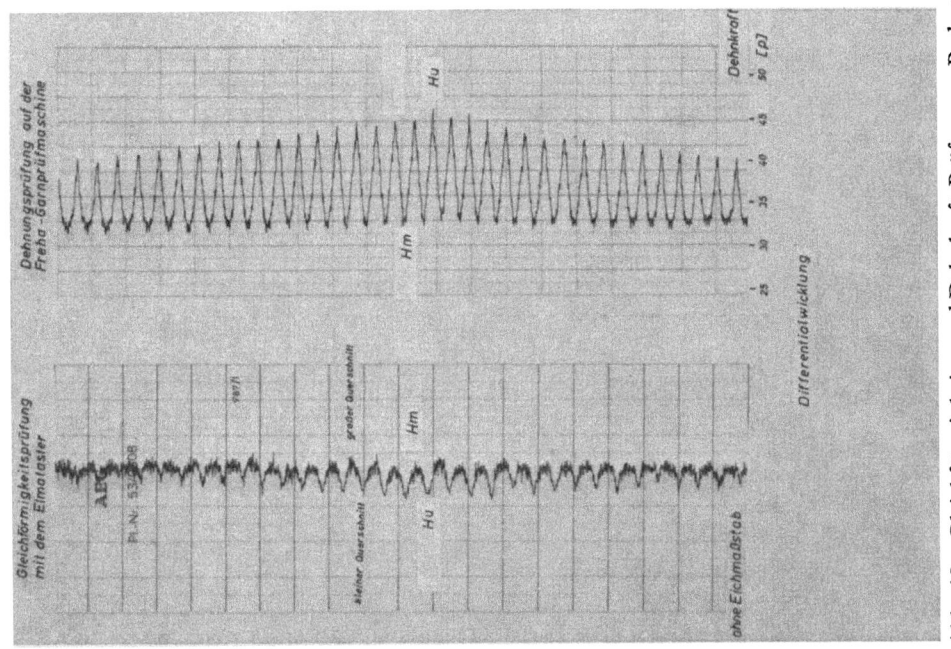

Abb. 13 Gleichförmigkeits- und Dehnkraft-Prüfung an Perlon, Td 20

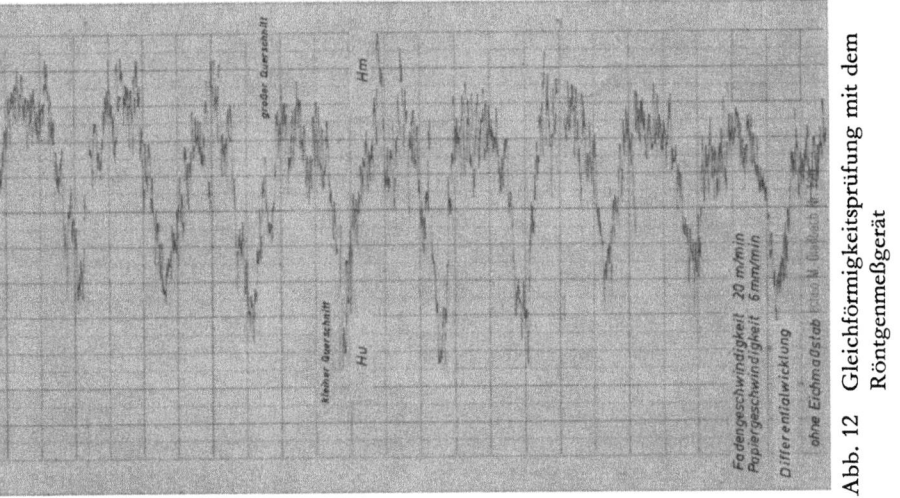

Abb. 12 Gleichförmigkeitsprüfung mit dem Röntgenmeßgerät

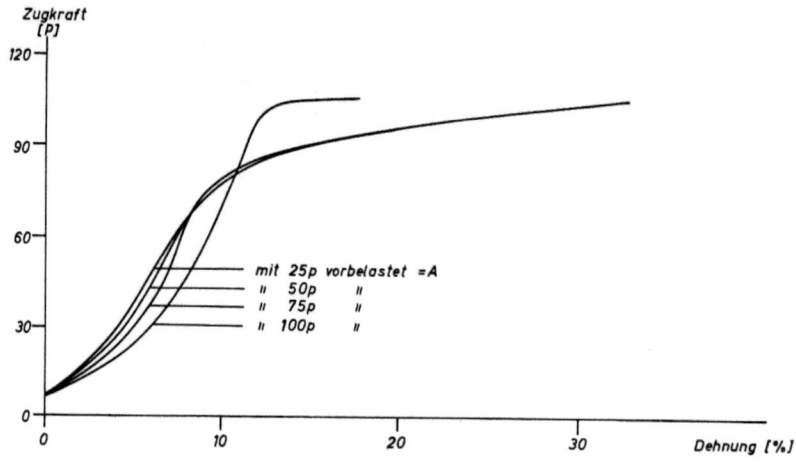

Abb. 14 Veränderung der Dehnungseigenschaften von Perlon, Td 20 durch Vorbelastung

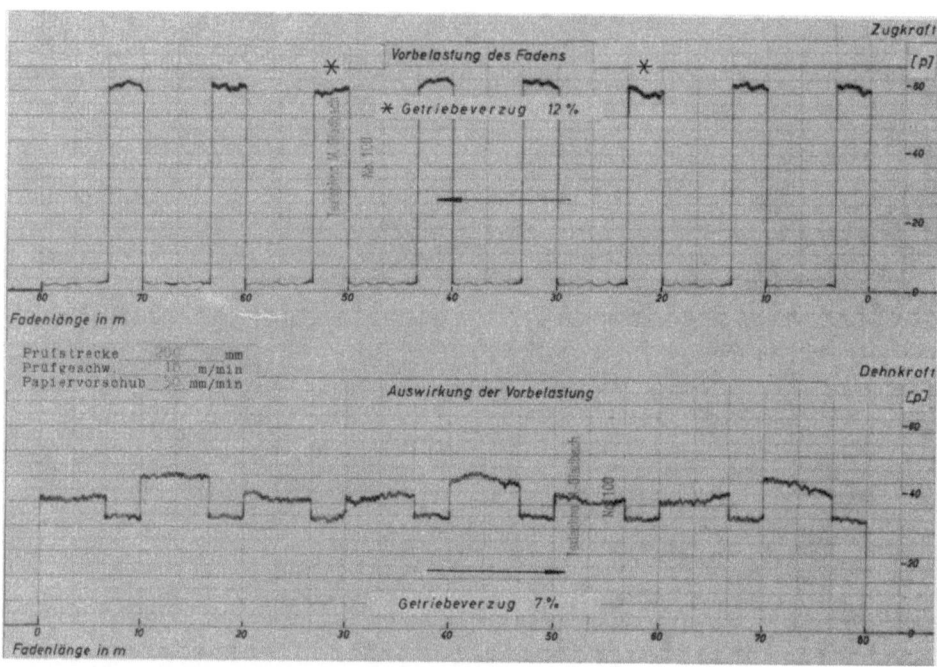

Abb. 15 Dehnkraft-Prüfung an Perlon, Td 20, die den Einfluß der Vorbelastung zeigt

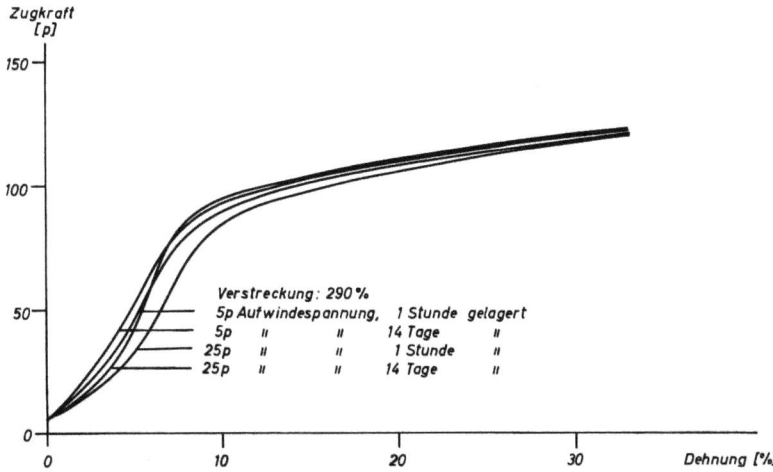

Abb. 16 Veränderung der Dehnungseigenschaften von unverstrecktem Perlon durch Verstrecken und Lagerung unter Spannung

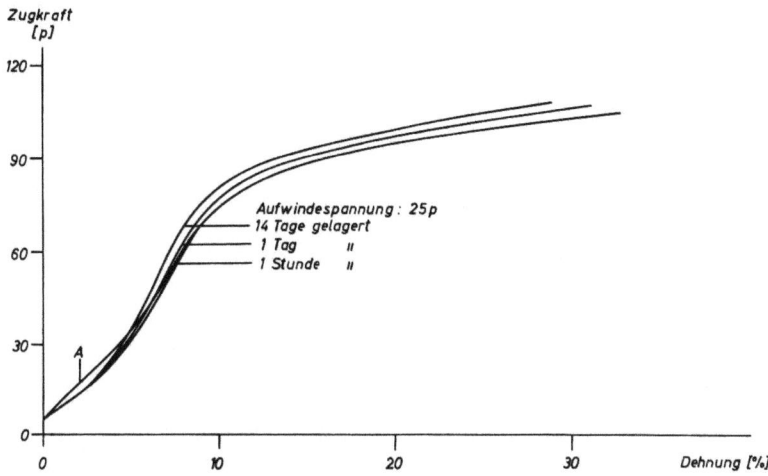

Abb. 17 Veränderung der Dehnungseigenschaften von Perlon, Td 20 durch Lagerung unter Spannung – Aufwindespannung 25 p

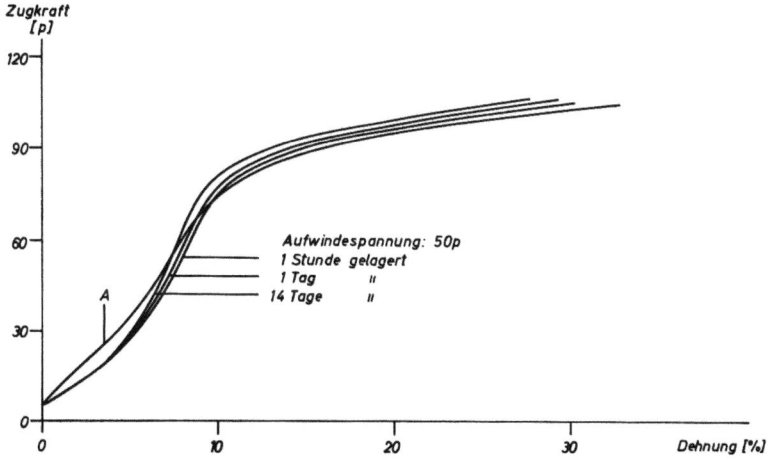

Abb. 18 Veränderung der Dehnungseigenschaften von Perlon, Td 20 durch Lagerung unter Spannung – Aufwindespannung 50 p

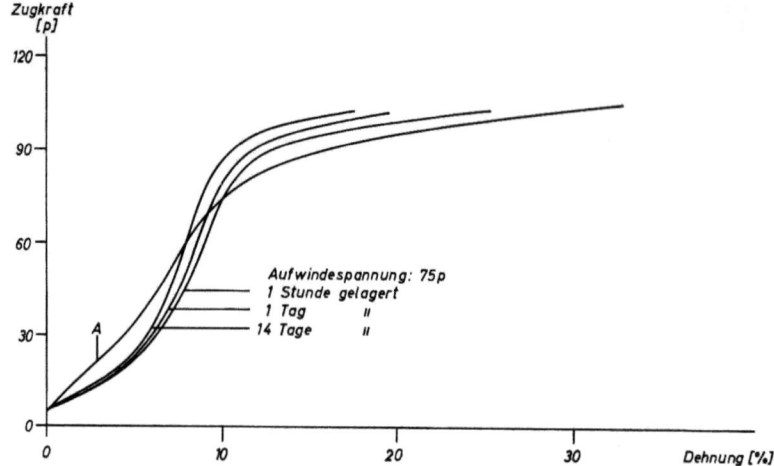

Abb. 19 Veränderung der Dehnungseigenschaften von Perlon, Td 20 durch Lagerung unter Spannung – Aufwindespannung 75 p

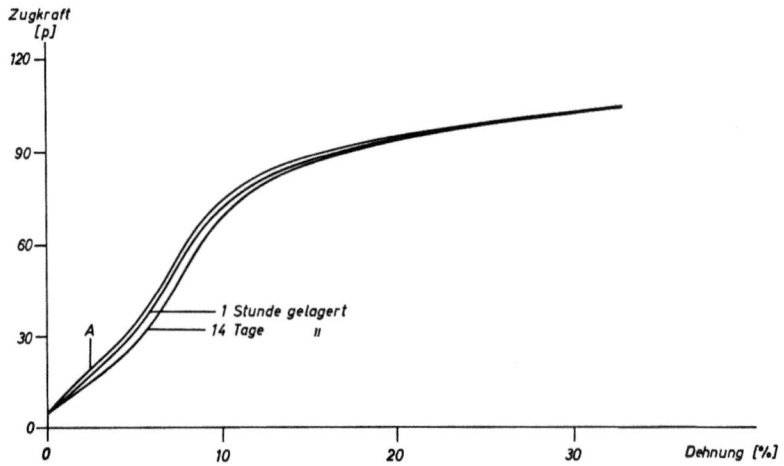

Abb. 20 Veränderung der Dehnungseigenschaften von Perlon, Td 20 durch Lagerung im spannungslosen Zustand

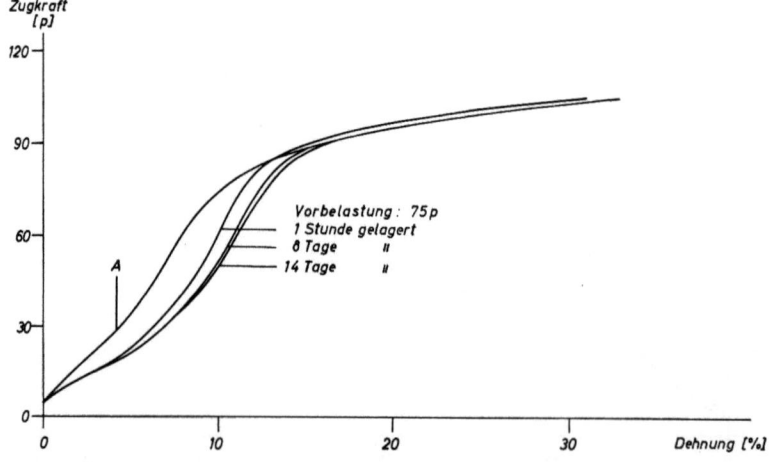

Abb. 21 Veränderung der Dehnungseigenschaften von Perlon, Td 20 durch Vorbelastung und anschließende Lagerung im entspannten Zustand

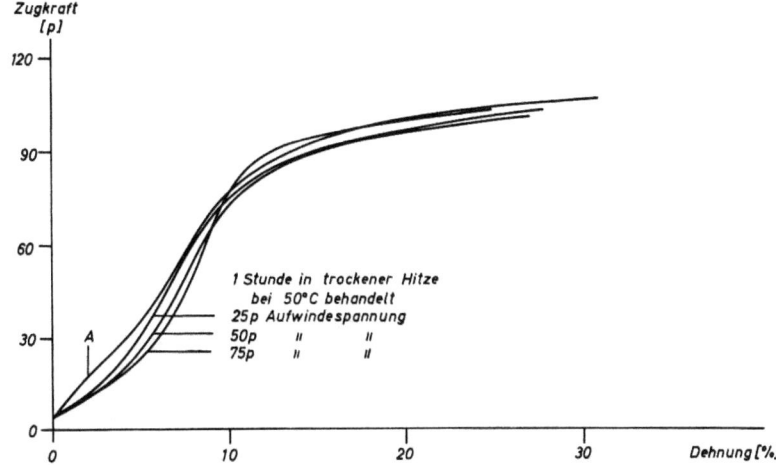

Abb. 22   Veränderung der Dehnungseigenschaften von Perlon, Td 20 durch thermische Behandlung im gespannten Zustand – Behandlungstemperatur 50°C

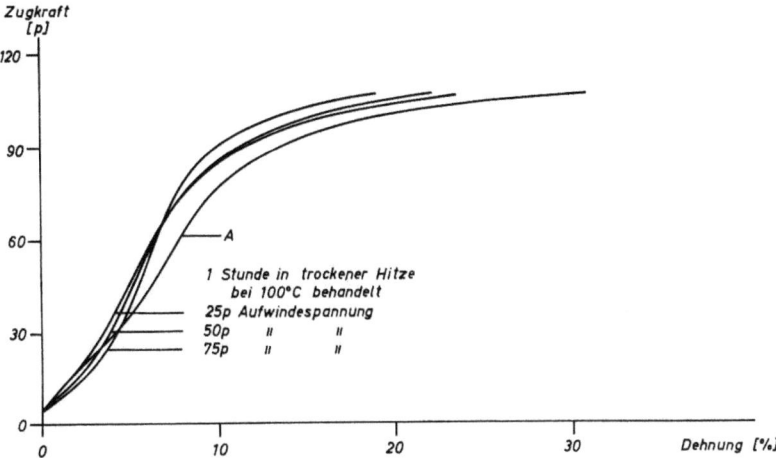

Abb. 23   Veränderung der Dehnungseigenschaften von Perlon, Td 20 durch thermische Behandlung im gespannten Zustand – Behandlungstemperatur 100°C

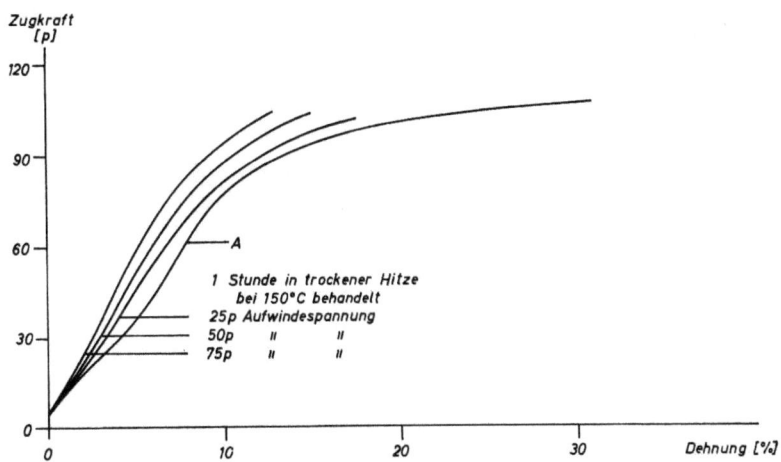

Abb. 24   Veränderung der Dehnungseigenschaften von Perlon, Td 20 durch thermische Behandlung im gespannten Zustand – Behandlungstemperatur 150°C

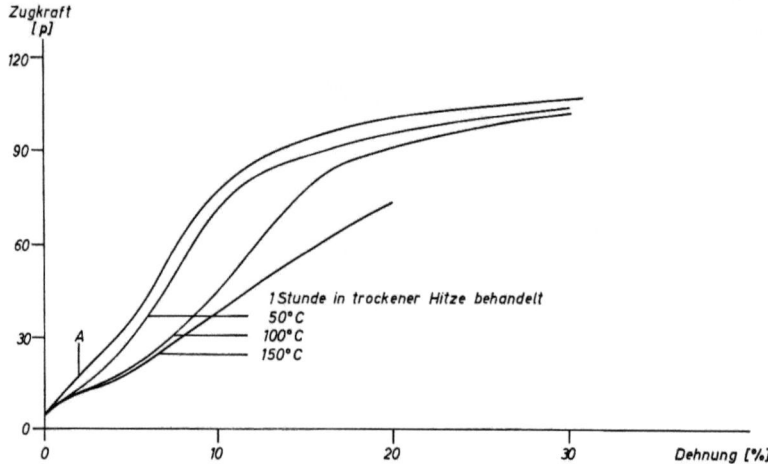

Abb. 25 Veränderung der Dehnungseigenschaften von Perlon, Td 20 durch thermische Behandlung im spannungslosen Zustand

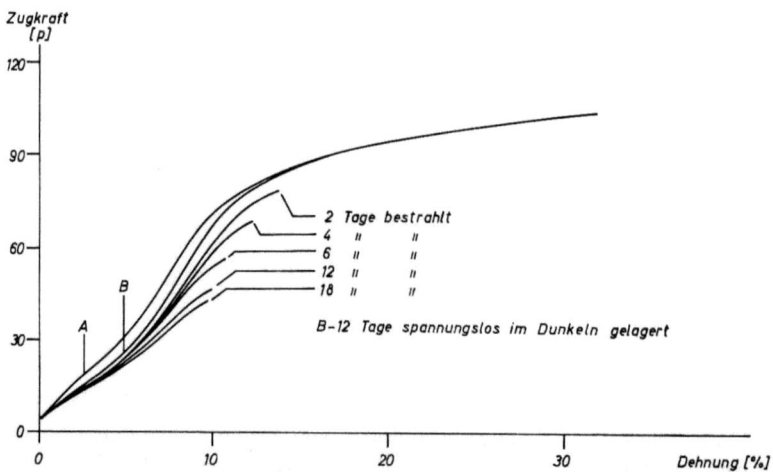

Abb. 26 Veränderung der Dehnungseigenschaften von Perlon, Td 20 durch UV-Bestrahlung im spannungslosen Zustand

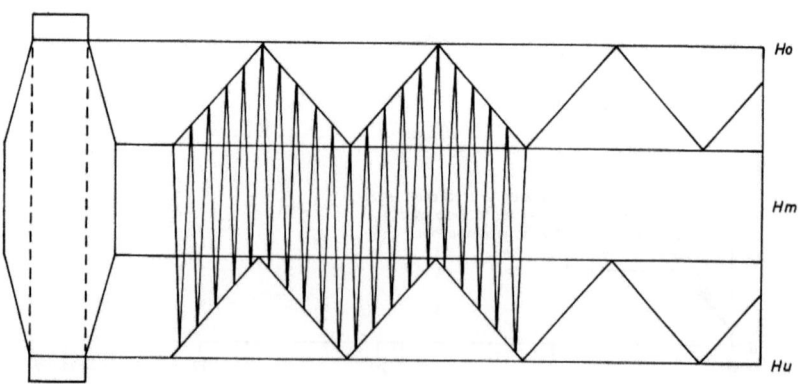

Abb. 27 Differentialwicklung

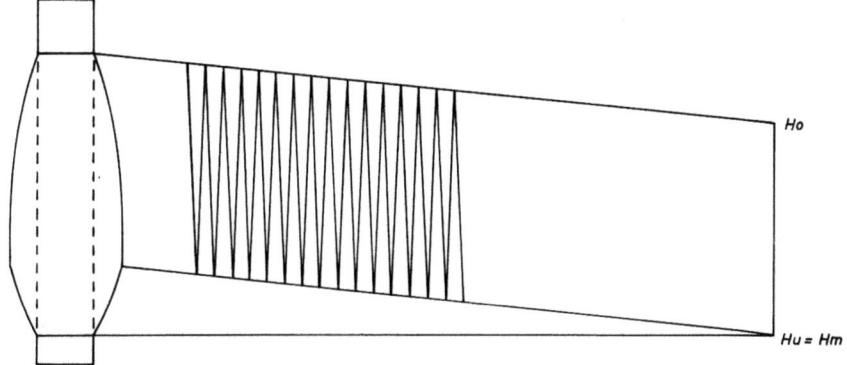

Abb. 28   Kötzerwicklung

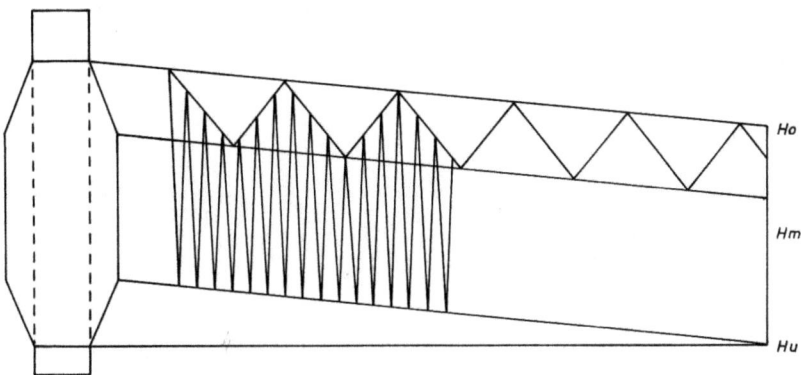

Abb. 29   Kombinierte Kötzerwicklung

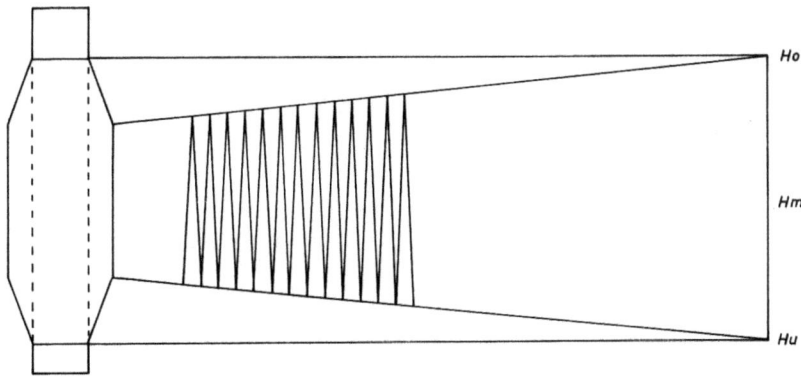

Abb. 30   Bikonische Parallelwicklung oder Flyerwicklung

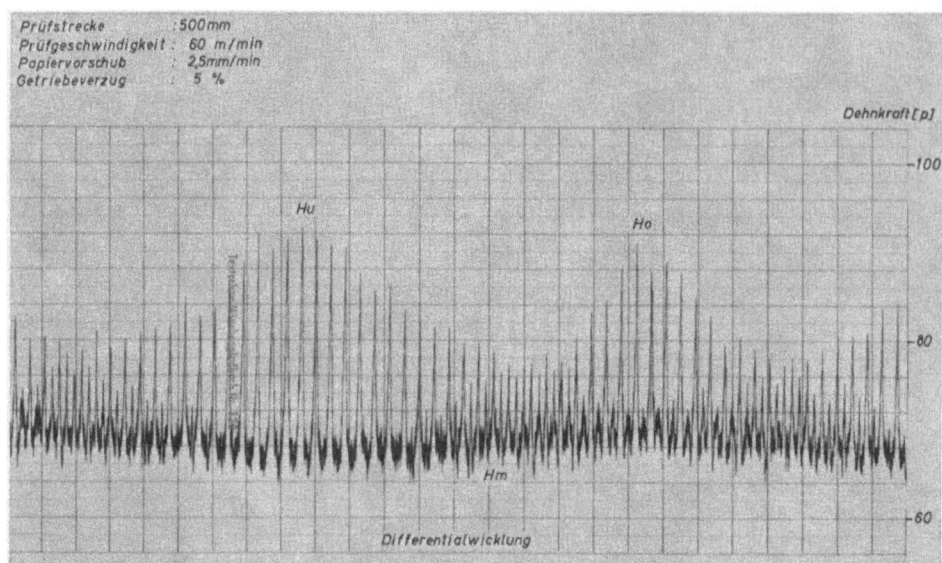

Abb. 31 Dehnkraft-Prüfung an Perlon, Td 40/20, Differentialwicklung

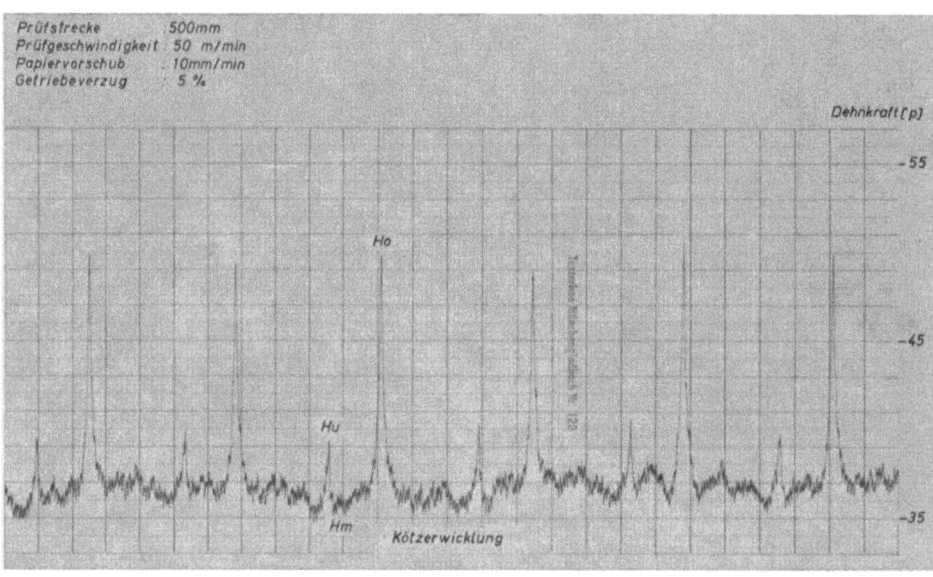

Abb. 32 Dehnkraft-Prüfung an Perlon, Td 20, Kötzerwicklung

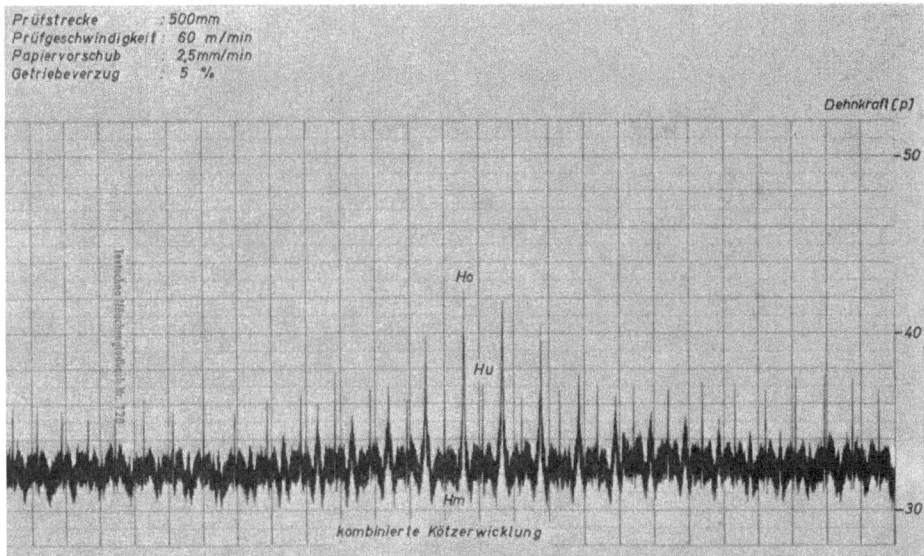

Abb. 33 Dehnkraft-Prüfung an Perlon, Td 20, kombinierte Kötzerwicklung

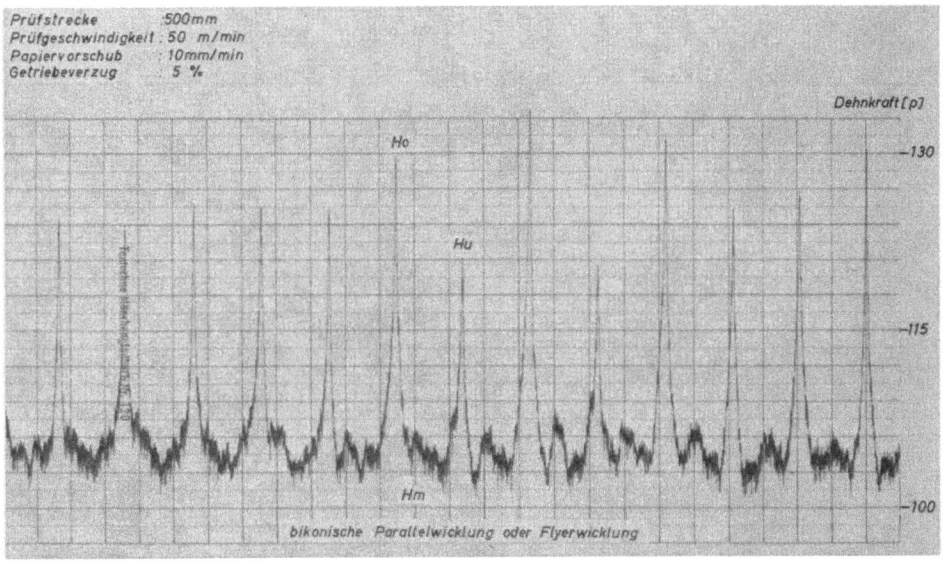

Abb. 34 Dehnkraft-Prüfung an Perlon, Td 70/13, bikonische Parallelwicklung oder Flyerwicklung

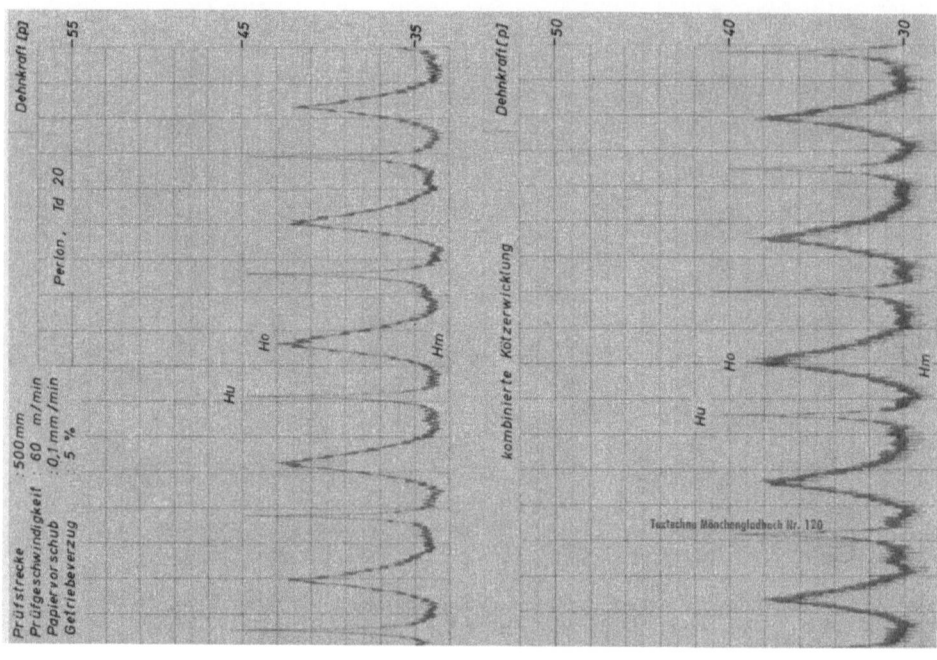

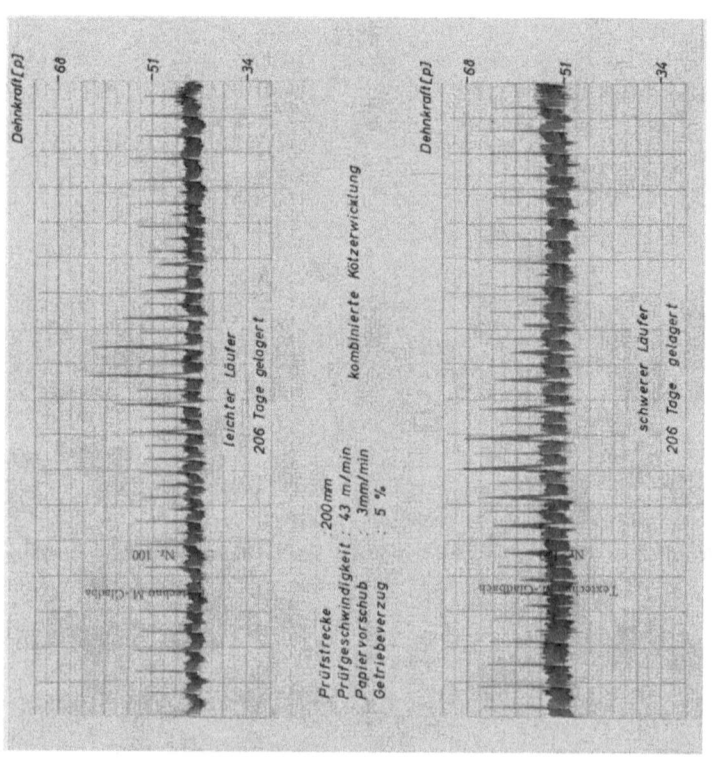

Abb. 35 Veränderung der Dehnungseigenschaften von Perlon, Td 20 durch das Läufergewicht

Abb. 36 Unterschiede in den Dehnungseigenschaften von Streckcopmaterial verschiedener Zwirnstellen

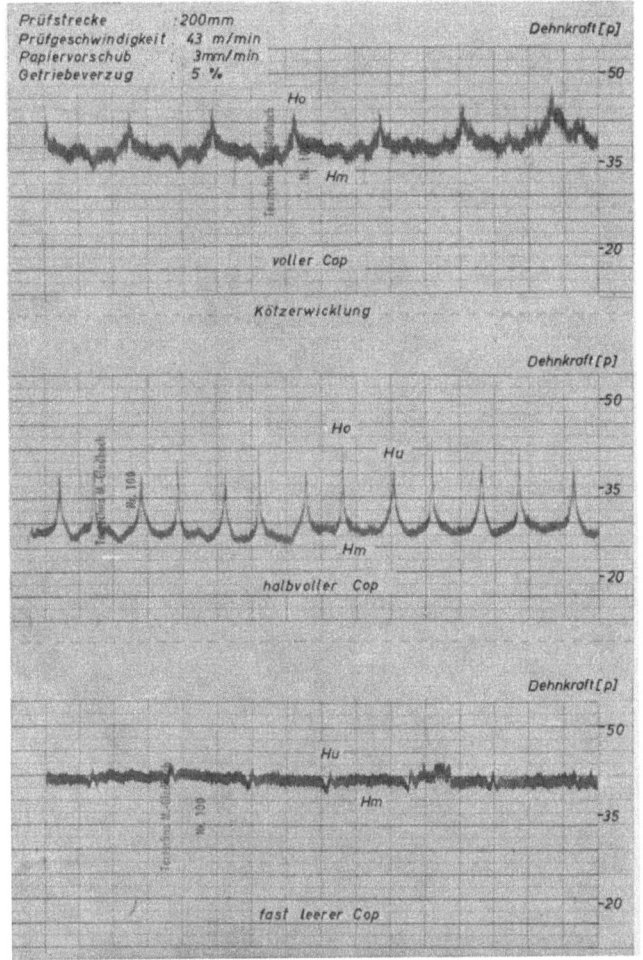

Abb. 37 Veränderung der Dehnungseigenschaften von Perlon, Td 20 in Abhängigkeit von der Copfüllung

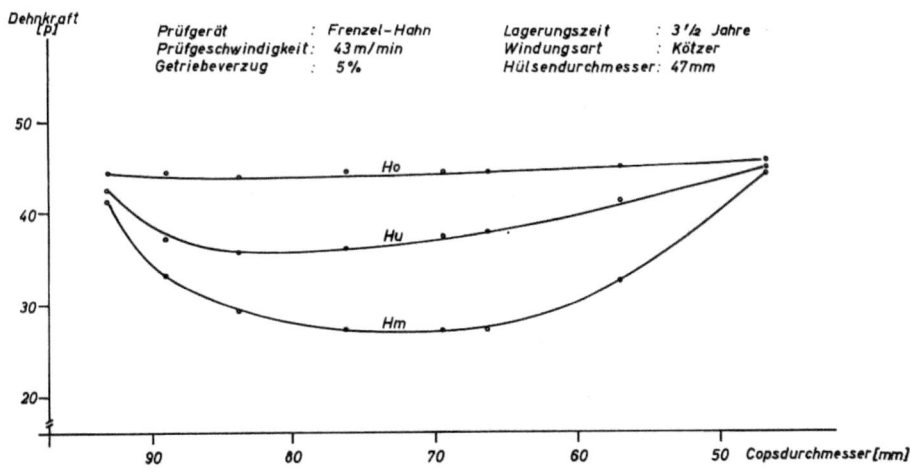

Abb. 38 Zusammenhang zwischen Dehnkraft und Copdurchmesser von gelagertem Perlon, Td 20

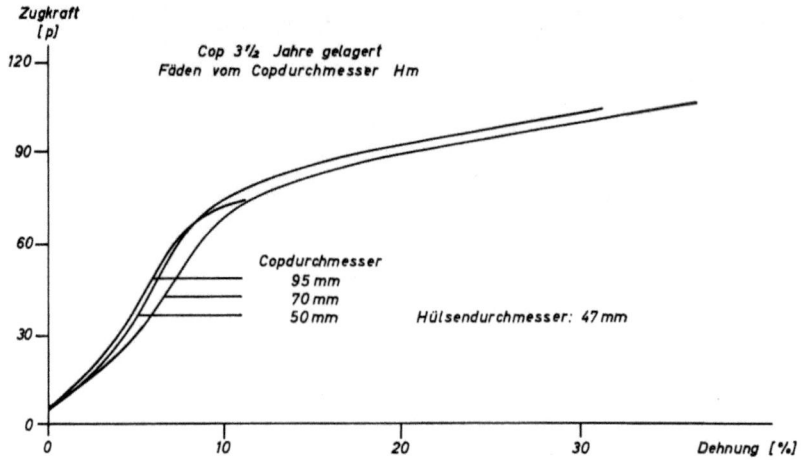

Abb. 39 Zusammenhang zwischen Dehnungseigenschaften und Copdurchmesser von gelagertem Perlon, Td 20

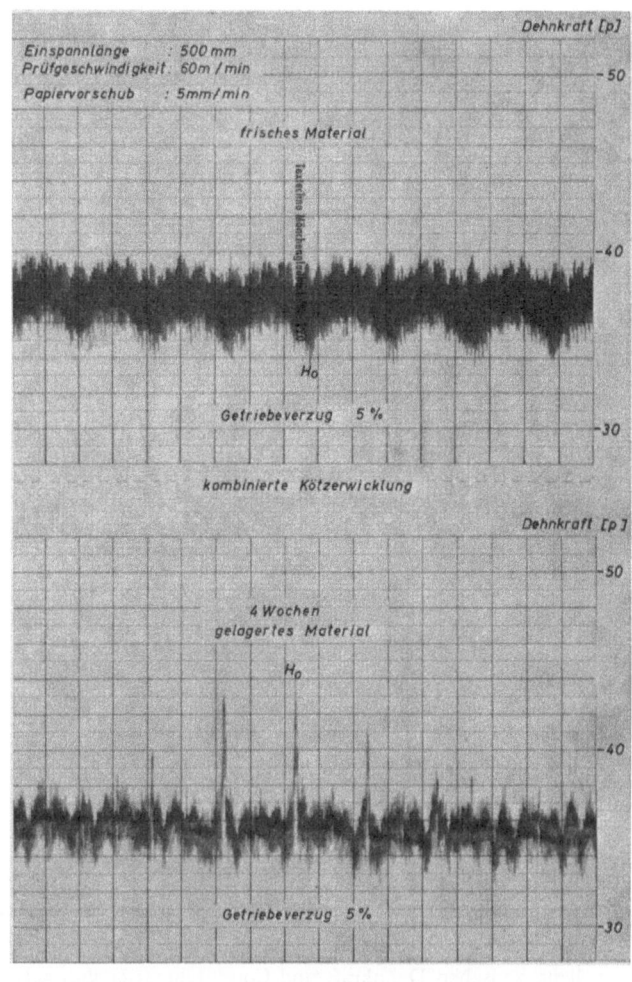

Abb. 40 Dehnkraft-Prüfung an frischem und gelagertem Perlon, Td 20

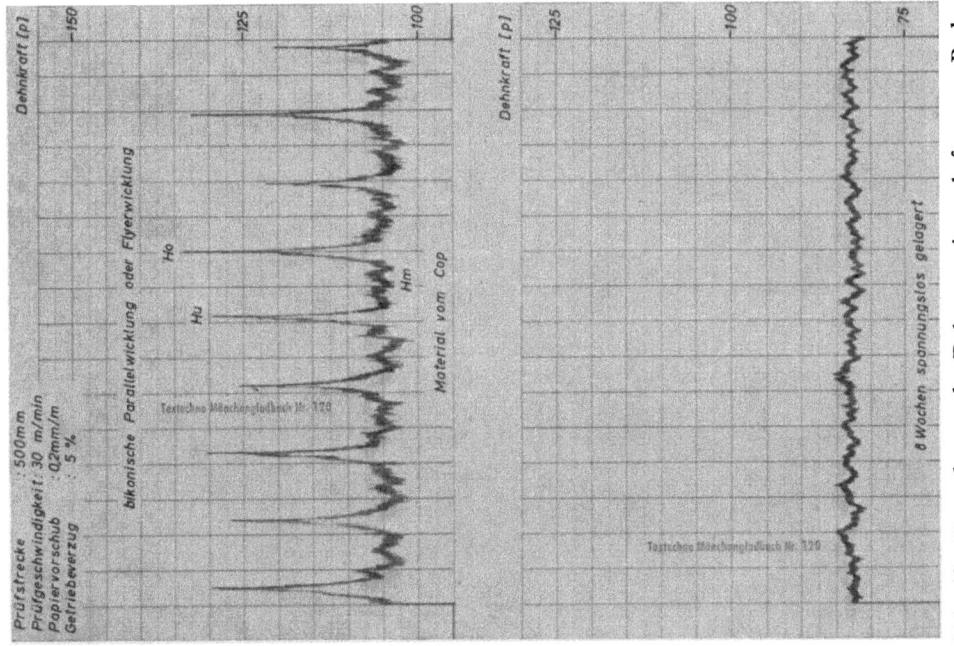

Abb. 42 Veränderung der Dehnungseigenschaften von Perlon, Td 70/13 durch spannungslose Lagerung

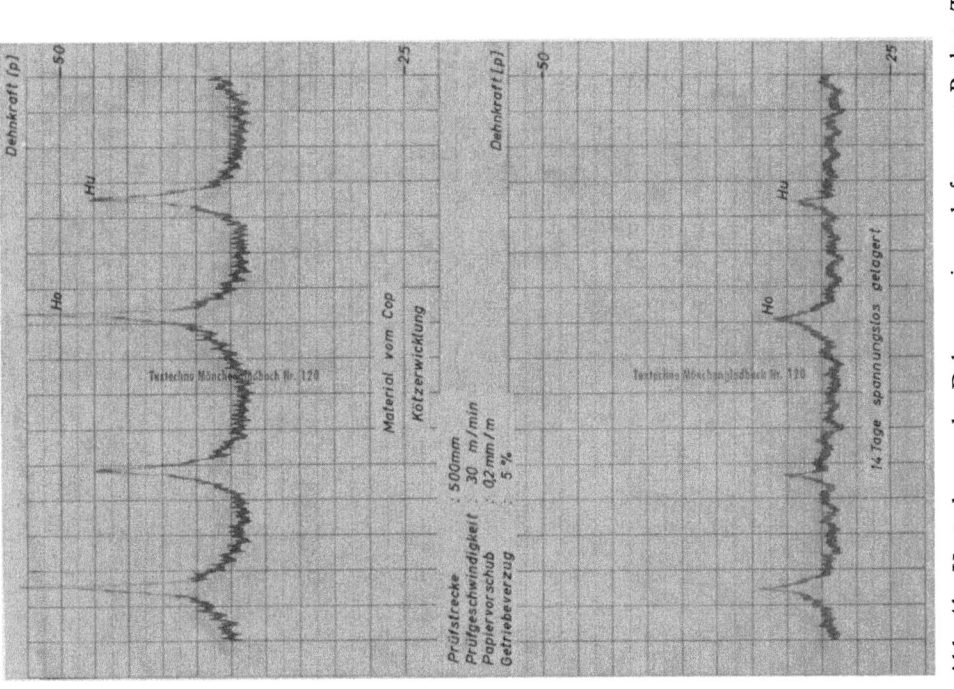

Abb. 41 Veränderung der Dehnungseigenschaften von Perlon, Td 20 durch spannungslose Lagerung

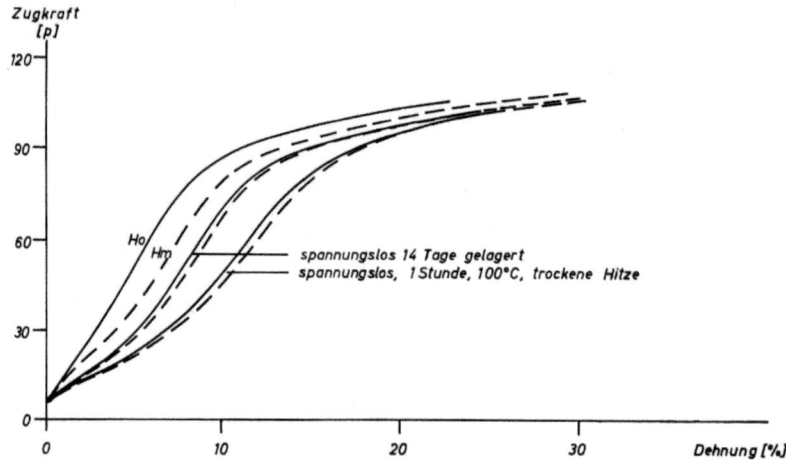

Abb. 43 Veränderung der Dehnungseigenschaften von Perlon, Td 20 durch Lagerung bzw. thermische Behandlung im spannungslosen Zustand

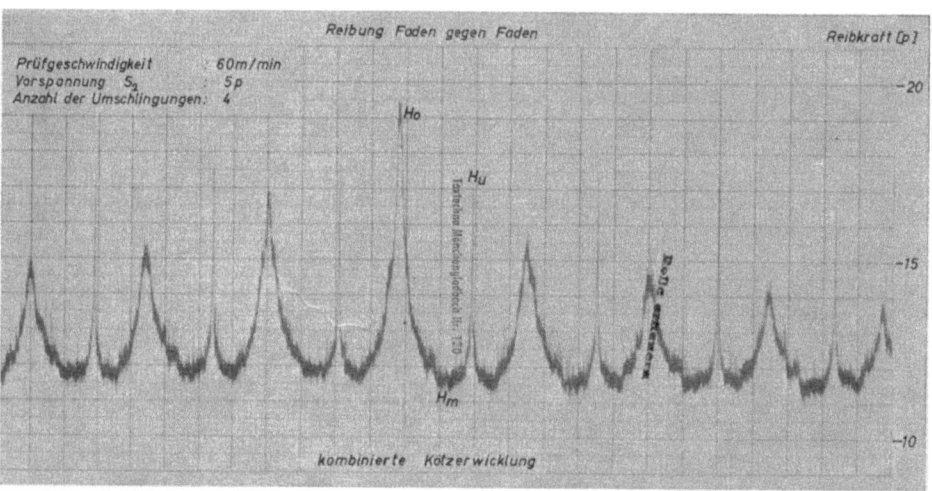

Abb. 44 Reibkraft-Prüfung »Faden gegen Faden« an Perlon, Td 20

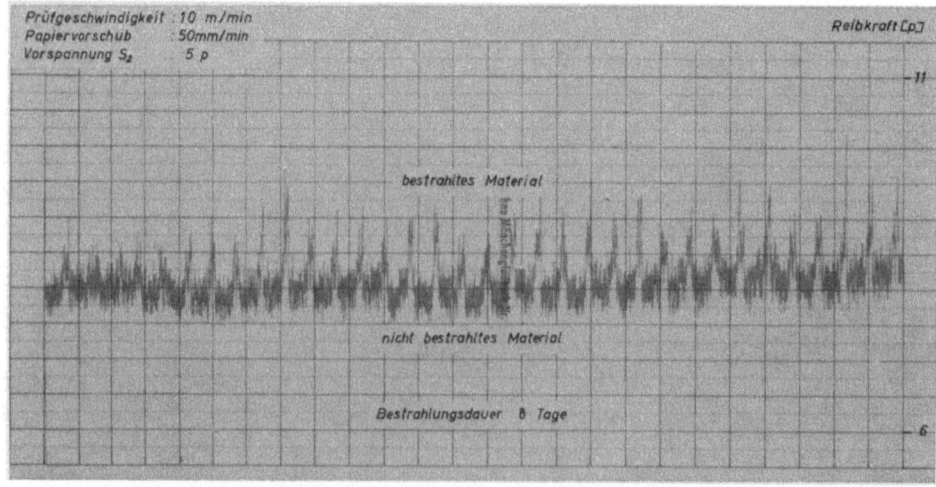

Abb. 45 Veränderung des Reibverhaltens von Perlon, Td 20 durch UV-Bestrahlung im spannungslosen Zustand

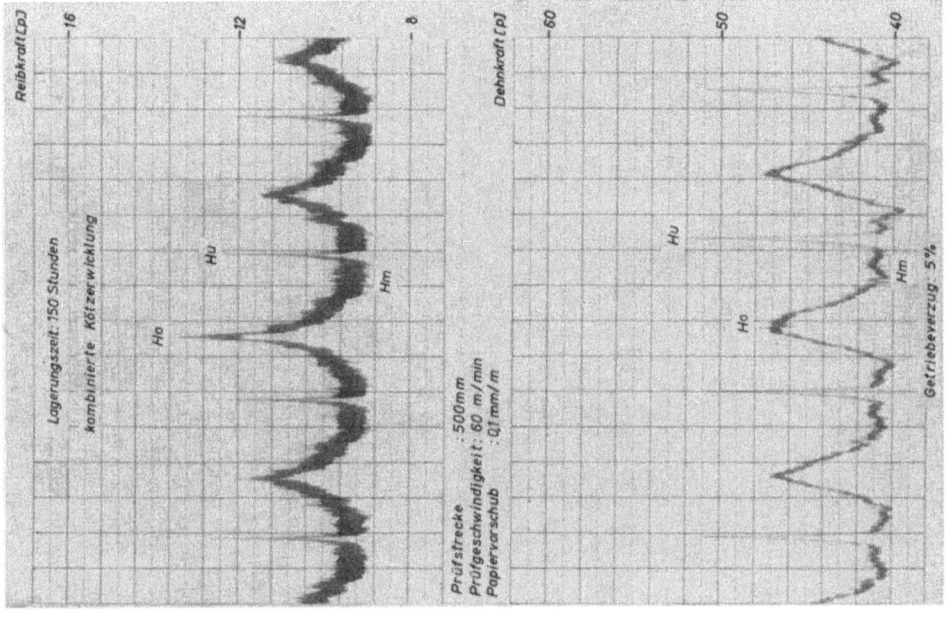

Abb. 47 Reibkraft- und Dehnkraftbestimmung an Perlon, Td 20 nach einer Lagerung von 150 Stunden

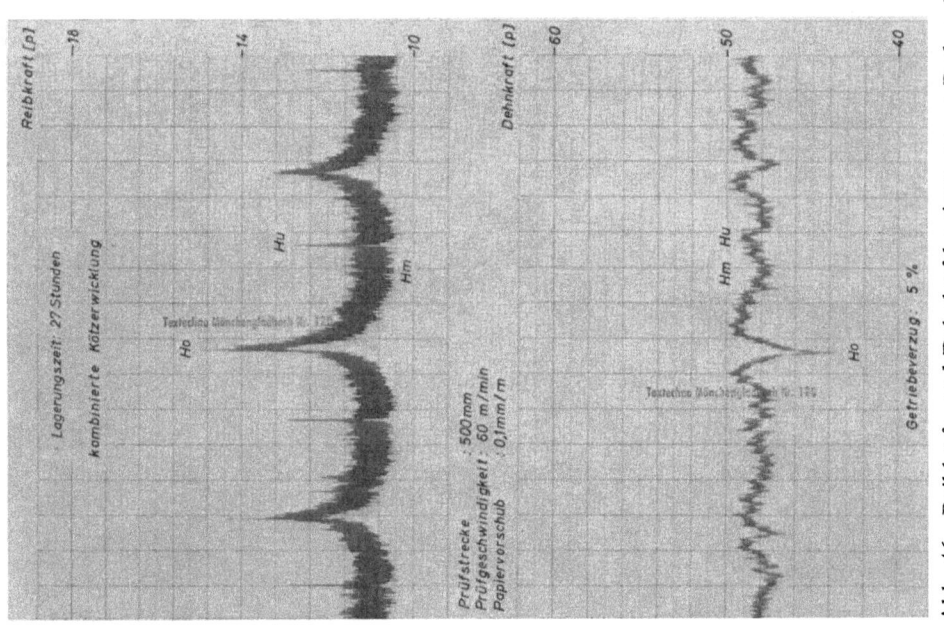

Abb. 46 Reibkraft- und Dehnkraftbestimmung an Perlon, Td 20 nach einer Lagerung von 27 Stunden

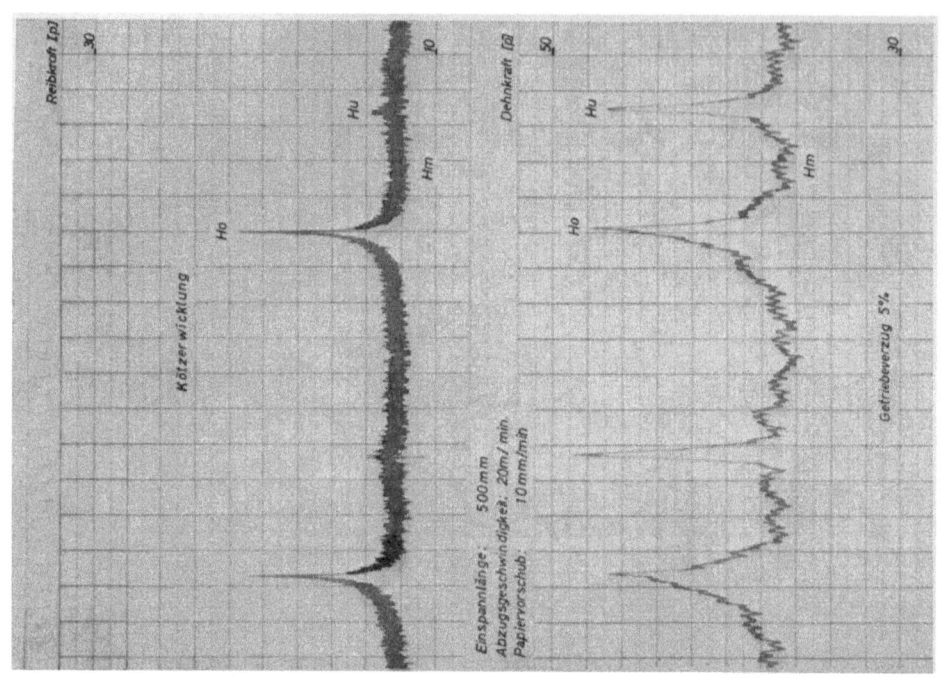

Abb. 49 Reibkraft- und Dehnkraftbestimmung an Perlon, Td 20

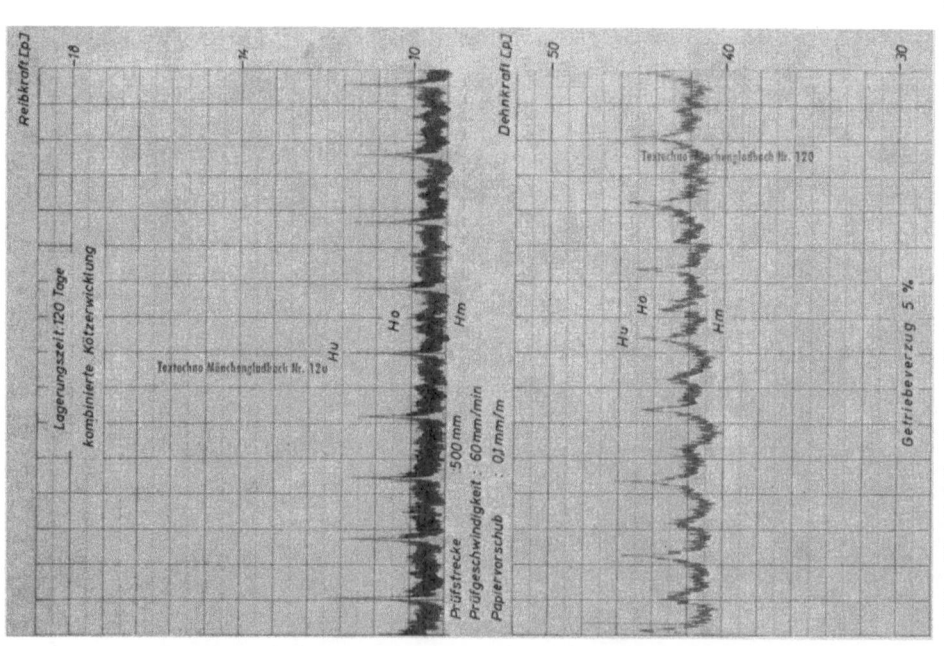

Abb. 48 Reibkraft- und Dehnkraftbestimmung an Perlon, Td 20 nach einer Lagerung von 120 Tagen

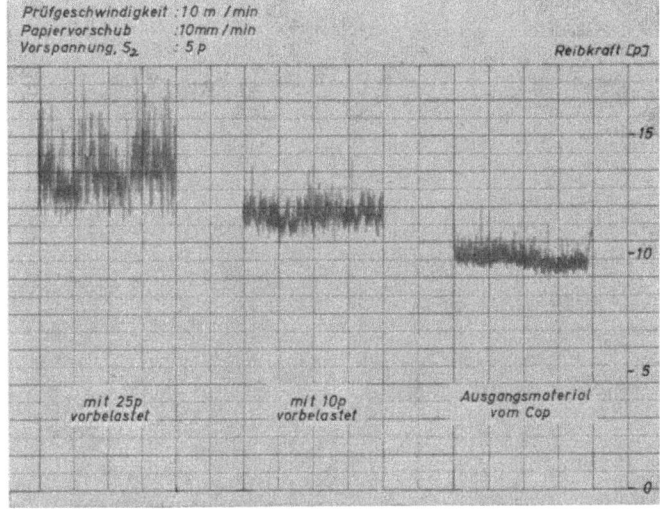

Abb. 50
Veränderung des Reibverhaltens von Perlon, Td 20 durch Vorbelastung

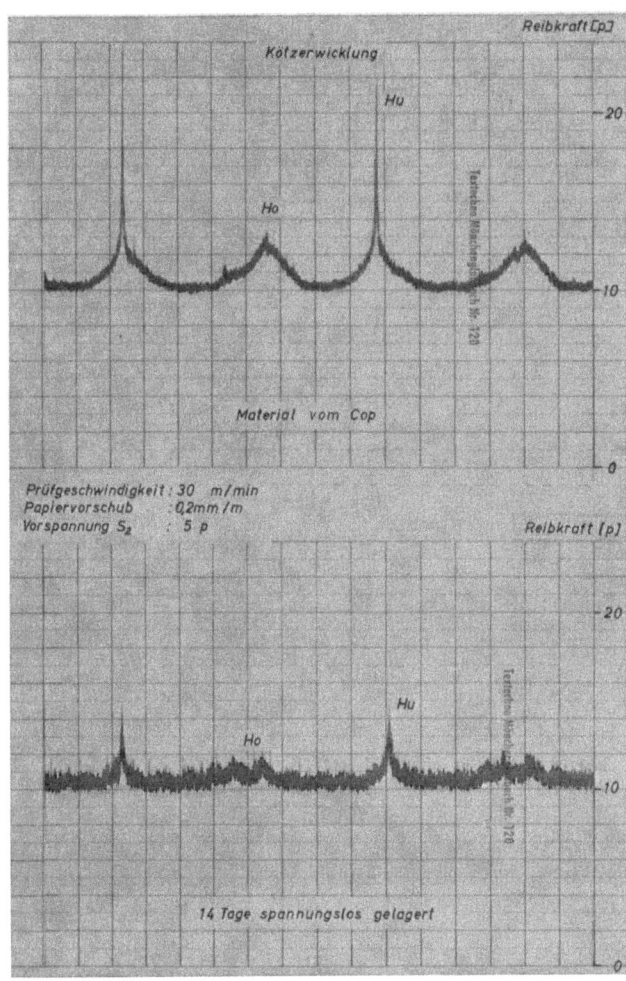

Abb. 51
Veränderung des Reibverhaltens von Perlon, Td 20 durch Lagerung

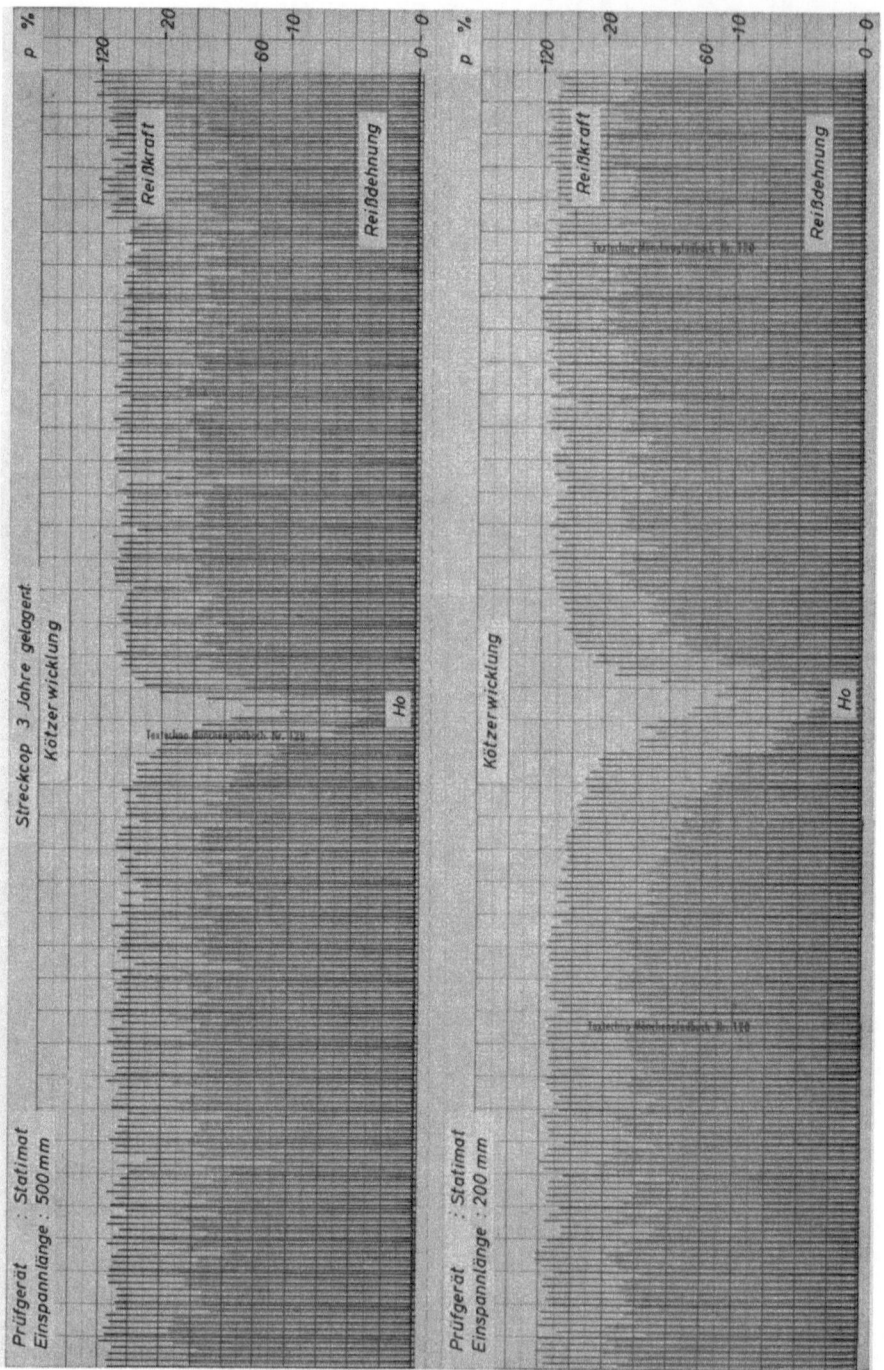

Abb. 52 Zugkraft-Prüfung an Perlon, Td 20

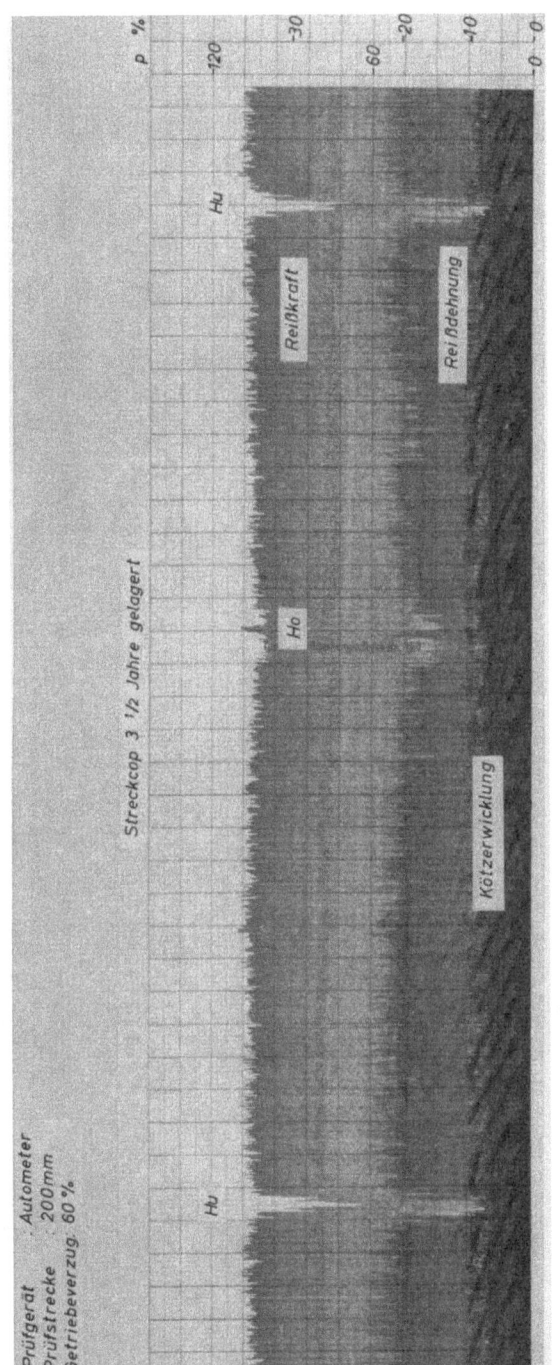

Abb. 53 Zugkraft-Prüfung am laufenden Faden an Perlon, Td 20

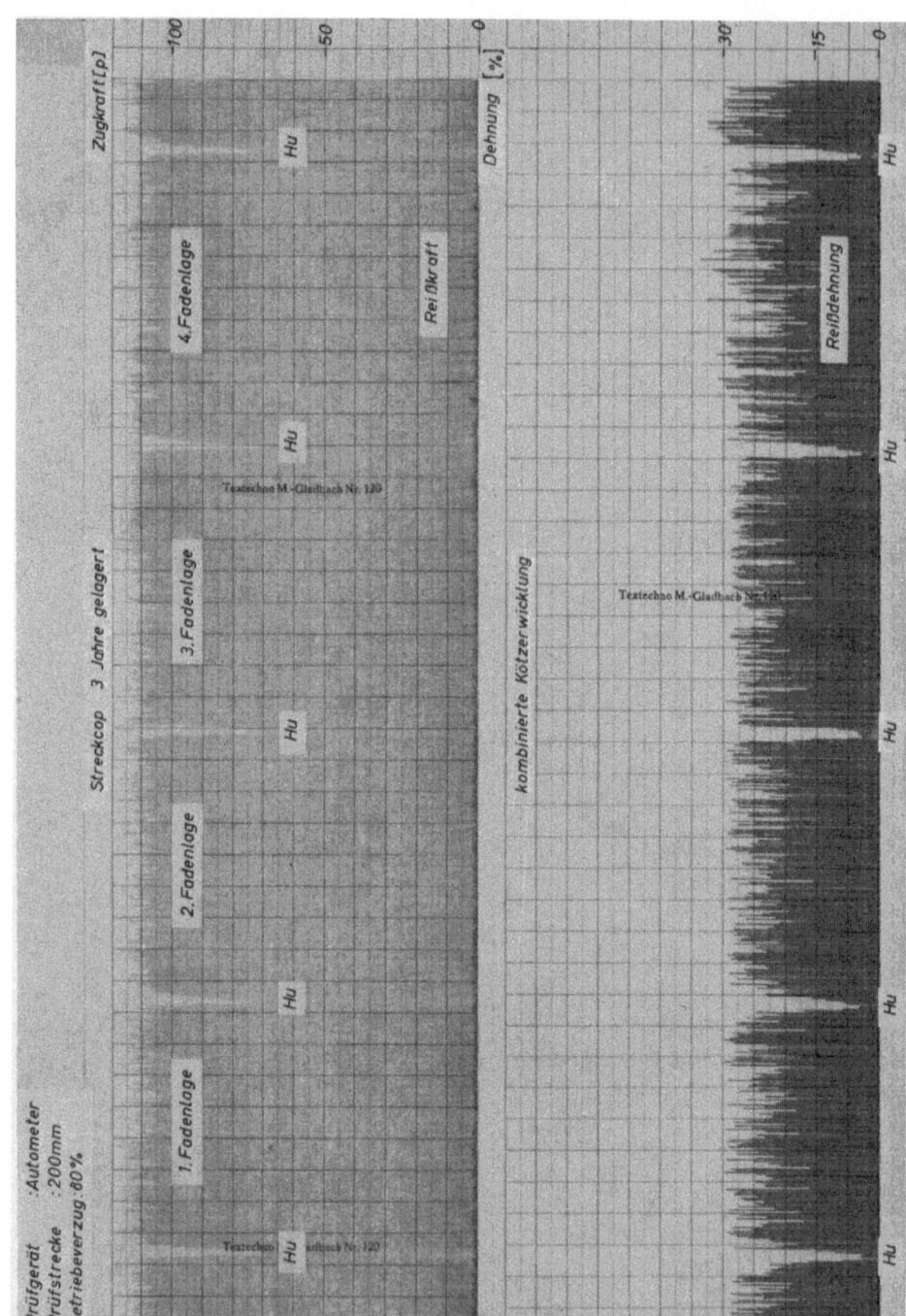

Abb. 54 Zugkraft-Prüfung am laufenden Faden an Perlon, Td 20

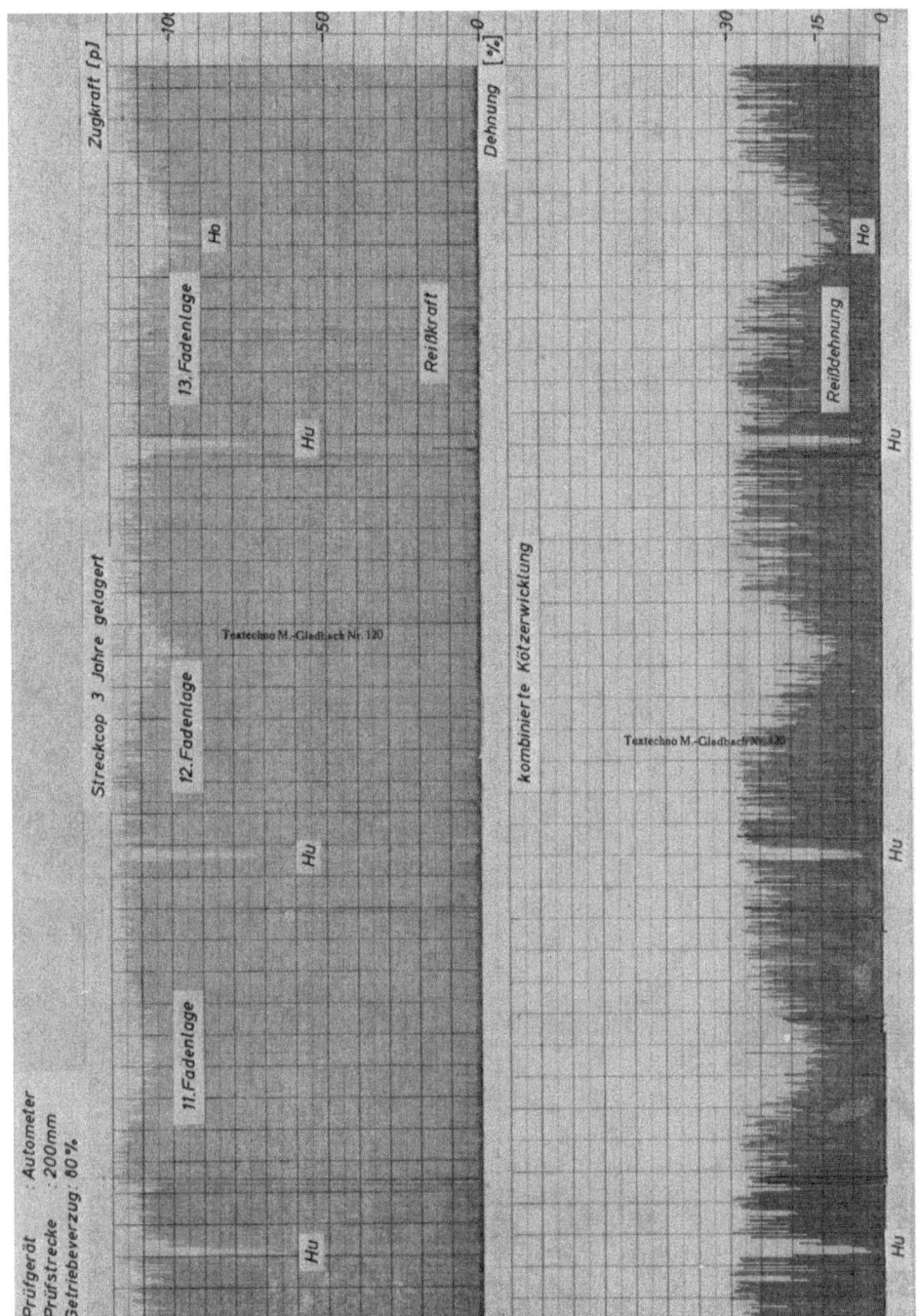

Abb. 55 Zugkraft-Prüfung am laufenden Faden an Perlon, Td 20

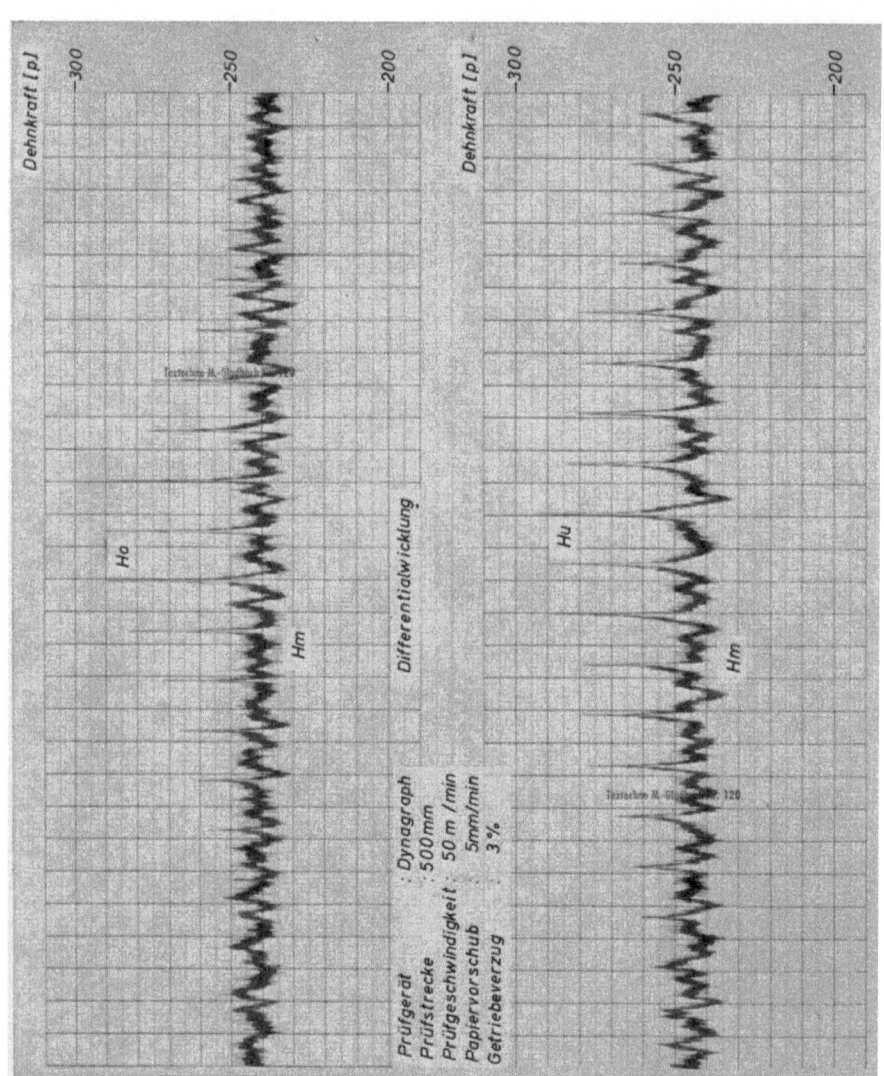

Abb. 56
Dehnkraft-Prüfung an Polyester, Td 135/50

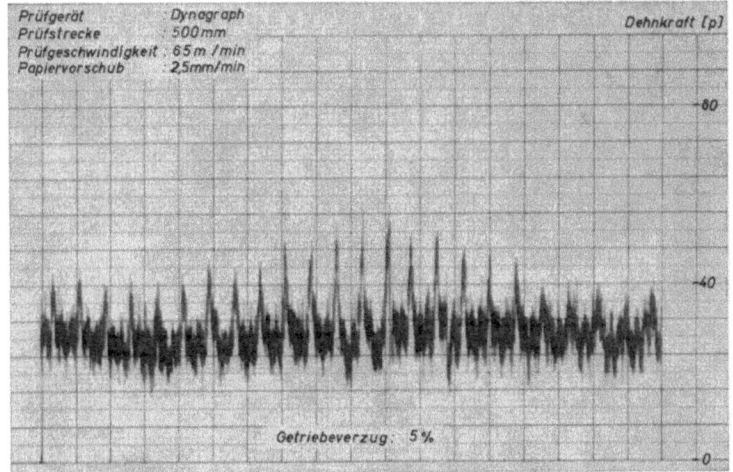

Abb. 57 Dehnkraft-Prüfung an texturiertem Perlon, Td 70/17

Forschungsberichte des Landes Nordrhein-Westfalen

Herausgegeben im Auftrage des Ministerpräsidenten Heinz Kühn
von Staatssekretär Professor Dr. h. c. Dr. E. h. Leo Brandt

Sachgruppenverzeichnis

Acetylen · Schweißtechnik
Acetylene · Welding gracitice
Acétylène · Technique du soudage
Acetileno · Técnica de la soldadura
Ацетилен и техника сварки

Arbeitswissenschaft
Labor science
Science du travail
Trabajo científico
Вопросы трудового процесса

Bau · Steine · Erden
Constructure · Construction material ·
Soil research
Construction · Matériaux de construction ·
Recherche souterraine
La construcción · Materiales de construcción ·
Reconocimiento del suelo
Строительство и строительные материалы

Bergbau
Mining
Exploitation des mines
Minería
Горное дело

Biologie
Biology
Biologie
Biologia
Биология

Chemie
Chemistry
Chimie
Quimica
Химия

Druck · Farbe · Papier · Photographie
Printing · Color · Paper · Photography
Imprimerie · Couleur · Papier · Photographie
Artes gráficas · Color · Papel · Fotografía
Типография · Краски · Бумага · Фотография

Eisenverarbeitende Industrie
Metal working industry
Industrie du fer
Industria del hierro
Металлообработывающая промышленность

Elektrotechnik · Optik
Electrotechnology · Optics
Electrotechnique · Optique
Electrotécnica · Optica
Электротехника и оптика

Energiewirtschaft
Power economy
Energie
Energía
Энергетическое хозяйство

Fahrzeugbau · Gasmotoren
Vehicle construction · Engines
Construction de véhicules · Moteurs
Construcción de vehículos · Motores
Производство транспортных · Средств

Fertigung
Fabrication
Fabrication
Fabricación
Производство

Funktechnik · Astronomie
Radio engineering · Astronomy
Radiotechnique · Astronomie
Radiotécnica · Astronomía
Радиотехника и астрономия

Gaswirtschaft
Gas economy
Gaz
Gas
Газовое хозяйство

Holzbearbeitung
Wood working
Travail du bois
Trabajo de la madera
Деревообработка

Hüttenwesen · Werkstoffkunde
Metallurgy · Materials research
Métallurgie · Matériaux
Metalurgia · Materiales
Металлургия и материаловедение

Kunststoffe
Plastics
Plastiques
Plásticos
Пластмассы

Luftfahrt · Flugwissenschaft
Aeronautics · Aviation
Aéronautique · Aviation
Aeronáutica · Aviación
Авиация

Luftreinhaltung
Air-cleaning
Purification de l'air
Purificación del aire
Очищение воздуха

Maschinenbau
Machinery
Construction mécanique
Construcción de máquinas
Машиностроительство

Mathematik
Mathematics
Mathématiques
Mathemáticas
Математика

Medizin · Pharmakologie
Medicine · Pharmacology
Médecine · Pharmacologie
Medicina · Farmacología
Медицина и фармакология

NE-Metalle
Non-ferrous metal
Metal non ferreux
Metal no ferroso
Цветные металлы

Physik
Physics
Physique
Física
Физика

Rationalisierung
Rationalizing
Rationalisation
Racionalización
Рационализация

Schall · Ultraschall
Sound · Ultrasonics
Son · Ultra-son
Sonido · Ultrasónico
Звук и ультразвук

Schiffahrt
Navigation
Navigation
Navegación
Судоходство

Textilforschung
Textile research
Textiles
Textil
Вопросы текстильной промышленности

Turbinen
Turbines
Turbines
Turbinas
Турбины

Verkehr
Traffic
Trafic
Tráfico
Транспорт

Wirtschaftswissenschaften
Political economy
Economie politique
Ciencias económicas
Экономические науки

Einzelverzeichnis der Sachgruppen bitte anfordern

Westdeutscher Verlag · Köln und Opladen
567 Opladen/Rhld., Ophovener Straße 1–3, Postfach 1620

If you have any concerns about our products,
you can contact us on
ProductSafety@springernature.com

In case Publisher is established outside the EU,
the EU authorized representative is:
**Springer Nature Customer Service Center GmbH
Europaplatz 3, 69115 Heidelberg, Germany**

Printed by Libri Plureos GmbH
in Hamburg, Germany